金叶桦研究

姜 静 江慧欣 陈 肃 著

科学出版社

北 京

内 容 简 介

白桦金叶突变株的叶片呈金黄色，而且树皮洁白，形态优美，是园林绿化的理想材料。本书汇集了著者在白桦金叶突变株鉴定及金叶形成机制方面的研究成果，主要从植物叶色突变体的形成机制、白桦金叶突变株的生理解剖和基因表达特性、白桦金叶突变株 T-DNA 插入位点和突变基因功能鉴定、转基因金叶桦创制等几个方面进行了详细叙述，阐述了金叶桦的鉴定及金叶形成机制的最新研究成果和进展。

本书可作为林学专业本科生及研究生的辅助教材，也可作为植物遗传育种领域教学、科研和管理人员的参考书。

图书在版编目（CIP）数据

金叶桦研究/姜静，江慧欣，陈肃著. —北京：科学出版社，2020.11
ISBN 978-7-03-066886-8

Ⅰ. ①金⋯　Ⅱ. ①姜⋯ ②江⋯ ③陈⋯　Ⅲ. ①白桦–基因变异–研究
Ⅳ. ①S792.153

中国版本图书馆 CIP 数据核字(2020)第 223782 号

责任编辑：张会格　王　好 / 责任校对：严　娜
责任印制：吴兆东 / 封面设计：刘新新

科学出版社 出版
北京东黄城根北街 16 号
邮政编码：100717
http://www.sciencep.com

北京虎彩文化传播有限公司 印刷
科学出版社发行　各地新华书店经销
*
2020 年 11 月第 一 版　开本：B5 (720×1000)
2020 年 11 月第一次印刷　印张：9 1/4
字数：186 000
定价：158.00 元
(如有印装质量问题，我社负责调换)

前　言

白桦（*Betula platyphylla* × *Betula pendula*）是中国白桦与欧洲白桦杂交获得的优良品种，其适应性和抗逆性较强，广泛分布于我国东北、华北、西北和西南等地的 14 个省（区、市）。白桦生长速度快、产量高，在恢复火烧迹地和被毁坏的林地生态等方面也具有重要作用。而且白桦形态优美，树皮洁白光滑，有较高的观赏价值，适合用作城市绿化树种。

鉴于此，本书以白桦金叶突变株为研究对象，从生理和分子机理角度对其进行了系统的研究。首先，对金叶桦的光合生理特性和基因表达特性进行了研究。其次，对金叶桦突变性状的突变基因进行鉴定。最后，在此基础上，对该突变基因的功能进行了研究，同时，筛选出优良的转基因金叶桦。全书由东北林业大学的姜静教授、陈肃副教授和东北农业大学的江慧欣博士撰写，包括三篇 15 章。第一篇植物叶色突变体研究进展，包括第 1 章植物叶色突变体的类型、来源及作用；第 2 章植物叶色突变体的形成机制。第二篇白桦金叶突变株的研究，包括第 3 章白桦金叶突变株叶色及生长特性；第 4 章白桦金叶突变株叶片解剖结构观察；第 5 章白桦金叶突变株光合生理特性及基因表达特性分析；第 6 章不同光照条件下白桦金叶突变株光合生理特性及基因表达特性分析；第 7 章白桦金叶突变株耐盐性分析；第 8 章白桦金叶突变株基因表达特性分析。第三篇突变基因克隆及金叶桦的创制研究，包括第 9 章白桦金叶突变株 T-DNA 插入位点鉴定；第 10 章 *BpCDSP32* 基因的克隆及功能研究；第 11 章 *BpGLK1* 基因的克隆及过量表达遗传转化；第 12 章转基因金叶桦的创制；第 13 章转基因金叶桦叶色变异及生长特性；第 14 章转基因金叶桦基因表达特性研究；第 15 章 BpGLK1 调控的下游靶基因预测。

本书相关研究受国家自然科学基金项目白桦黄叶突变基因的克隆及功能研究（31570647）、中央高校基本科研业务费专项资金项目（2572018CL05）等资助，在此致谢。本书撰写过程中，张嫚嫚、刘素华等进行了相关实验研究，在此一并致谢。

姜　静　江慧欣　陈　肃

2020 年 3 月 31 日

目　　录

第一篇　植物叶色突变体研究进展

第二篇　白桦金叶突变株的研究

第一篇
植物叶色突变体研究进展

第1章 植物叶色突变体的类型、来源及作用

叶色突变是最容易识别的突变性状之一，早有学者在 20 世纪 30 年代就开始对其进行研究，明确了植物叶片表现出的颜色是叶片中叶绿素和类胡萝卜素等色素的含量、分布和比例等的综合表现结果。通常植物叶片细胞中叶绿素占主导地位，因此呈绿色。高等植物中，叶绿素由叶绿素 a（Chl a）和叶绿素 b（Chl b）组成。叶绿素 a 和叶绿素 b 是光合作用的主要色素，在光吸收和能量转换过程中起关键的作用。叶色突变体大多是由于其突变基因会间接或直接影响叶绿素的合成与降解，从而导致叶片细胞中叶绿素等色素含量变化，并表现出不同的叶色，故叶色突变体通常被称为叶绿素突变体（何冰等，2006）。当前，在许多作物，如草本的稻（*Oryza sativa*）（Zhang et al.，2016b）、大豆（*Glycine max*）（Zhang et al.，2011）、拟南芥（*Arabidopsis thaliana*）（Yu et al.，2012）、烟草（*Nicotiana tabacum*）、黄瓜（*Cucumis sativus*）（Gao et al.，2016）、番茄（*Solanum lycopersicum*）（Margareta and Matthew，2002）、玉米（*Zea mays*）（Zhong et al.，2015）、大麦（*Hordeum vulgare*）（Cordoba et al.，2016）、小麦（*Triticum aestivum*）（Liu et al.，2012）、油菜（*Brassica napus*）（肖华贵等，2013）中都发现有叶色突变体，而木本植物中比较少，仅在鸡爪槭（*Acer palmatum*）（Li et al.，2015b）、银杏（*Ginkgo biloba*）（Liu et al.，2016b）、茶（*Camellia sinensis*）（Wang et al.，2014）等树木中发现叶色突变体。本章主要介绍了植物叶色突变体的类型、来源及作用。

1.1 植物叶色突变体的类型

关于叶色突变体，最早是在 1942 年被 Gustafsson 划分为浅绿（viridis）、黄化（xanthan）、白化（albina）、条纹（striata）、斑点（tigrina）五大主要类型（Gustafsson，1942）；根据叶色不同表型的特点，Walles（1967）将其划分成 3 种类型：单色突变、杂色突变及阶段性失绿突变体。Awan 等（1980）又对其进行了更加细致的分类，包括条纹、白化、浅绿、白翠、黄化、黄绿、绿白、绿黄 8 种不同类型。根据叶色突变的不同生理机制，Tanya 等（1996）将叶色突变体分为叶绿素 a 缺少型、叶绿素 b 缺少型、总叶绿素增加型和总叶绿素缺少型等。依据光的调控，叶色突变体又被 Kusumi 等（2000）分成光诱导型和非光诱导型。

1.2 植物叶色突变体的来源

叶色突变可分为自然突变和人工诱变。自然突变在高等植物中已经存在，有些突变被人们保留和利用，如小白菜（*Brassica chinensis*）（郭士伟等，2003）、甘蓝型油菜、水稻（林添资等，2018）、甜瓜（邵勤等，2013）、玉米（程红亮等，2011）等均有报道。然而植物自发突变的频率极低。人工诱变可以使得突变率大大提高。人工诱变方式又包括化学诱变、物理诱变、组培突变、T-DNA 及转座子插入突变等方式。

1.2.1 物理诱变

通过物理因素诱导使植物遗传特性发生变异的方法称为物理诱变。引起物理诱变的主要因素包括紫外线、电离辐射（电磁辐射：γ 射线、X 射线等，带电粒子辐射：β、α 等粒子，不带电粒子辐射：中子等）、激光辐射、微波辐射、常压室温等离子体和离子束等。这种随机的诱变会导致碱基的替换、插入、倒位、缺失，或染色体的缺失、倒位、重复、异位（马凤翔和陈晓阳，2007）。目前通过 ^{60}Co-γ 射线等物理诱变方法已经在水稻中获得了许多叶色突变体，包括白化、黄化、条纹及温敏感叶色突变体等（景晓阳等，1999；陈善福等，1999；吴军等，2012；曹昌翔等，2017）。

1.2.2 化学诱变

化学诱变是通过使用化学诱变剂，如氯化锂、烷化剂、叠氮化物等对植物进行诱变（彭波等，2007）。其引起诱变的原理有如下几种：①由于妨碍了 DNA 的某一成分合成，导致 DNA 发生变化；②由于某种化学诱变剂的分子结构和 DNA 碱基的结构极其相似，故会混入基因分子里，使得 DNA 在复制时碱基配对错误；③某些化学药物的直接作用，使得 DNA 分子的某些特定结构改变；④一些诱变剂可以嵌入到 DNA 双链的碱基间，导致单链的缺失或插入；⑤某些诱变剂会破坏基因的分子结构，使染色体断裂。

由于烷化剂（甲基磺酸乙酯、硫酸二乙酯、亚硝基乙基脲和乙酰亚胺）的诱变率较高，因此被研究者们作为最常用的化学诱变剂。杨小苗等（2018）从甲基磺酸乙酯（EMS）诱变的拟南芥、番茄、玉米（樊双虎等，2014）、大白菜（刘梦洋等，2014）、甘蓝型油菜（谭河林等，2014）等植株中分离获得多种叶色突变体（平步云等，2016）。刘梦洋等（2014）从 EMS 诱变大白菜种子获得灰绿、深绿、绿、浅绿、黄浅绿、黄绿、黄、白浅绿、白绿 9 种类型的叶色突变体。

1.2.3　组培突变

通过组织培养而产生的变异。在对植物进行组织培养过程中，各种外界环境条件的变化对继代苗的生长及发育有较大影响，也很有可能会使植物的基因型发生改变。此外随着组织培养继代的次数增多出现变异的可能性愈大。例如，马华升等（2008）从大花蕙兰的组培苗中分离获得了黄色条纹和白色条纹 2 种叶色突变体，并发现该突变发生的频率约为 0.12%。

1.2.4　T-DNA 插入突变

T-DNA 是根癌农杆菌中 Ti 质粒上的一个小段 DNA 序列，通过侵染植物伤口处，随机地整合到植物基因组并稳定表达从而引起的突变。农杆菌介导的 T-DNA 转入植物细胞全过程共分为 8 个步骤：①农杆菌吸附在植物细胞表面；②Vir 区域表达，T-DNA 与 Vir 蛋白进入植物细胞；③T-DNA 与 Vir 蛋白形成的复合体在植物细胞质中运输；④T-DNA 复合体通过核孔进入细胞核；⑤T-DNA 复合体向植物染色体位置运输；⑥Vir 蛋白脱离 T-DNA 复合体；⑦T-DNA 整合到植物染色体上；⑧T-DNA 所携带的外源基因进行表达（Gelvin，2010）。这一复杂生物过程的实现，取决于农杆菌 Ti 质粒上的 Vir 区域，它能编码 T-DNA 的剪切、加工、转运，以及从细胞核输入所需的蛋白质。此外，农杆菌能附着在植物细胞的表面，还需要植物根钙黏附蛋白、阿拉伯半乳聚糖蛋白和类玻连蛋白等的参与。除了 Vir 效应蛋白，T-DNA 能顺利进入细胞还需在 BTI 蛋白和鸟苷三磷酸腺苷酶的协助下，T-DNA 在植物细胞质内的运输也需 VIP、GIP 及 actin 等蛋白质的参与完成（赵佩等，2014）。

最初人们采用上述的辐射和化学诱变剂等方法处理植物，但突变基因的分离过程仍然面临着巨大的挑战。如今随着农杆菌介导的植物遗传转化技术不断地完善，对由 T-DNA 插入产生的突变体进行 T-DNA 插入侧翼序列的扩增和分析的方法也日益增多。通过对获得的侧翼序列进行分析，来预测整合位点基因的功能。由于 T-DNA 可以随机整合到植物基因组中，因此，可以用于建立大规模的突变群体（郭建秋等，2010），并且已经在拟南芥和水稻等模式植物中被广泛应用，也逐渐在番茄、豆类等植物中被应用。利用 T-DNA 插入突变在拟南芥、水稻等植物中相继分离了众多叶色突变体及相关基因（Yu et al.，2012；Chen，2013）。

1.2.5　转座子插入突变

转座子是一段特定的 DNA 序列。由于它能够在染色体组内自由移动，从某一个位点切除，插入到另一个新的位点，会引起基因突变或染色体重组，故将转座子导入到植物细胞中来获得具有目的性状的突变植株。在玉米中，主要有 Ac/Ds、En/Spm 和 Mutator 三大类转座子系统。其中，Mutator 转座子具有转座活性高、诱变能力强等特点，利用 Mutator 插入突变构建了许多大型玉米突变体库（高志勇等，2016）。杨伟峰（2012）和王荣纳（2013）从玉米 Mutator 转座子诱变群体中分离得到 2 个叶色白化突变体。

1.3 植物叶色突变体的作用

目前，叶色突变体在很多草本和木本植物中均已成功筛选鉴定到。这些植物叶色突变体是研究突变基因功能，探索光形态建成、光合作用机制、叶绿体发育、叶绿素的合成与降解及质体-核信号传导通路的重要材料。同时，叶色突变体因其明显独特的叶色性状，也常用作标记性状。

1.3.1 叶色突变基因鉴定

叶色突变体可以用于研究光合作用、色素合成等进程中相关基因的功能。近年来，利用正向遗传学已经对许多植物叶色突变体中引起叶色突变的相关基因进行了定位、分离及克隆。从突变体中分离基因的方法主要有图位克隆法、基于 PCR 技术的交错式热不对称 PCR（TAIL-PCR）、反向 PCR、接头 PCR 等，另外还有质粒营救法和高通量测序法。目前，国内外采用这些方法分离和克隆的叶色相关基因（表 1-1）主要是参与叶绿素合成、叶绿体发育、质体-核信号传递等途径。而这些突变基因大多数是从水稻中分离出来的。

表 1-1 目前已分离的叶色相关基因

基因名称	基因编号	注释	突变体表型
AL1（Zhang et al.，2016b）	Os03g0425000	38 肽重复序列	白化
AL2（Yue et al.，2016）	Os09g0363100	叶绿体 IIA 型内含子剪接促进因子	白化
ALS3（Lin et al.，2015）	Os01g0674700	三角状五肽重复区蛋白	白化
Ald-Y（Zhang et al.，2016a）	Os06g0608700	果糖-1,6-二磷酸醛缩酶	黄绿叶
BGL11（*t*）（Wang et al.，2013b）	Os11g0592900	生物学功能未知	亮绿叶
CAO1（Lee et al.，2005）	Os10g0567400	叶绿素 a 加氧酶 1	浅绿色
CAO2（Lee et al.，2005）	Os10g0567100	叶绿素 a 加氧酶 2	灰绿叶
Cga1（Hudson et al.，2013）	Os02g0220400	细胞分裂素应答的 GATA 转录因子	黄叶
Chl1（Zhang et al.，2006a）	Os03g0811100	镁离子螯合酶 D 亚基	黄绿叶
CHl9（Zhang et al.，2006a）	Os03g0563300	镁离子螯合酶 I 亚基	黄绿叶

续表

基因名称	基因编号	注释	突变体表型
CHIH（Jung et al.，2003）	Os03g0323200	镁离子螯合酶 H 亚基	白化
CHR4（Zhao et al.，2012）	Os07g03450	染色质重构因子	叶片近轴部分白化
ClpC1（Sjogren et al.，2004）	At5g50920	叶绿体 Hsp100 分子伴侣	淡黄，有深绿色条斑
ClpP5（Tsugane et al.，2006）	Os03g0308100	叶绿体蛋白酶基因	淡黄，有深绿色条斑
Cpn60（Kim et al.，2013）	Os12g0277500	质体伴侣素 69α 亚基	淡绿叶
cpSRP43（Lv et al.，2015）	Os03g0131900	叶绿体信号识别颗粒 43	黄绿叶
cpSRP54（Yu et al.，2012）	At5g03940	叶绿体信号识别颗粒 54	黄绿叶
DjA7/8（Zhu et al.，2015）	Os05g0333600	热休克家族 DnaJ 蛋白	白化，致死
DVR（Wang et al.，2010b）	Os03g0351200	联乙烯还原酶基因	黄绿叶
FdC2（Li et al.，2015a）	Os03g0685000	铁氧还蛋白	黄绿叶
GPAT3（Men et al.，2017）	Os11g0679700	甘油-3-磷酸酰基转移酶	浅黄色
Gpm（Sugimoto et al.，2007）	Os03g0320900	鸟苷酸激酶	在限定温度下黄叶
GRY79（Wan et al.，2015）	Os02g0539600	金属-β-内酰胺酶-三螺旋嵌合体	黄化转绿
GUN4（Richter et al.，2016）	AT3G59400	四吡咯结合蛋白	淡绿色
HAP3A（Miyoshi et al.，2003）	Os01g0834400	CCAAT 盒结合蛋白 HAP 亚基	淡绿叶
HO1（Chen et al.，2013）	Os06g0603000	血红素加氧酶	黄绿叶
Hsp70CP1（Kim and An，2013）	Os05g0303000	叶绿体定位热激蛋白 70	高温黄化
LYL1（Zhou et al.，2013b）	Os02g0744900	牻牛儿基牻牛儿基还原酶	黄叶
MPR25（Toda et al.，2012）	Os04g0602600	三角状五肽重复区蛋白	淡绿叶
NUS1（Kusumi et al.，2011）	Os03g0656900	叶绿体定位蛋白 NUS1	淡绿叶
NYC1（Sato et al.，2009）	Os01g0227100	叶绿素 b 还原酶	滞绿
NYC3（Morita et al.，2009）	Os06g0354700	水稻 α/β 折叠水解酶	滞绿
OTP51（Ye et al.，2012）	Os02g0702000	三角状五肽重复区蛋白	白化，致死
PORB（Sakuraba et al.，2013）	Os10g0496900	原叶绿素酸酯氧化还原酶 B	淡绿叶
PPR1（Gothandam et al.，2005）	Os09g0413300	三角状五肽重复区蛋白	白化，致死
RpoTp（Kusumi et al.，2004）	Os06g0652000	质体 RNA 聚合酶基因	淡绿叶
RNRL1（Yoo et al.，2009）	Os06g0168600	核糖核酸还原酶大亚基	白化转绿
RNRS1（Yoo et al.，2009）	Os06g0257450	核糖核酸还原酶小亚基	白化转绿
SRG（Jiang et al.，2007）	Os09g0532000	脱镁叶绿酸 a 加氧酶	滞绿
VYL（Dong et al.，2013）	Os03g0411500	质体酪蛋白水解酶	黄化
YbeY（Liu et al.，2015b）	AT2G25870	叶绿体定位内切核糖核酸酶	淡绿叶
YGL1（Wu et al.，2007）	Os05g0349700	叶绿素合成酶	黄化转绿
YL1（Chen et al.，2016）	Os02g0152900	叶绿体 ATP 合酶	黄叶
YLC1（Zhou et al.，2013a）	Os09g0380200	DUF3353 超家族蛋白	温度敏感，黄化转绿

1.3.2 育种标记性状

由于叶色突变体的性状较为明显，单从叶色就可以鉴别出来。并且有些突变体的叶绿素缺失性状在苗期表现明显，随着生长及温度变化又可以恢复成正常叶色，而不影响突变体的生长发育及结实。因此在育种工作中，常将叶色突变体作为标记性状，用于基因连锁分析、基因定位等研究中。余新桥等（2000）利用淡绿色标记性状培育出表现为淡绿色标记的水稻无性系。尹建英等（2017）以斑马叶作为叶色性状选育出籼稻叶色标记不育系，该不育系未移栽时叶色始终表现绿色，而移栽后 5 天新抽出的叶片会展现出与叶脉垂直的黄绿相间的条纹，移栽后 30 天叶片又表现正常绿色。张红林等（2010）经多代回交选育成了携带淡化转斑叶型叶色标记的籼型三系不育系高光 A。这些叶色标记在水稻等作物育种及种子纯度鉴定上有较高的应用价值（马志虎等，2002；李云等，2007）。

第 2 章　植物叶色突变体的形成机制

植物细胞内色素合成与代谢的生理过程直接影响叶色。通常，叶绿素含量大约是胡萝卜素含量的 3 倍。叶色突变体呈现黄色多是因为细胞内叶绿素含量降低，叶绿素与胡萝卜素含量的比值变小导致的。能够引起植物叶色突变的基因种类很多，故叶色突变的分子机制极其复杂。叶色突变通常情况下是环境和遗传互作的结果，诸如光合色素合成受阻、叶绿体发育相关的基因突变、质体-核传导途径受阻、叶绿体蛋白转运受阻、光敏色素调控受阻、血红素反馈调节紊乱及其他相关基因的突变等都可能引起叶色突变。

2.1　光合色素合成受阻

叶绿素的生物合成代谢不是单纯的一个生化反应，而是一个极其复杂的酶促反应过程。此过程大致可以分为四大阶段，共 15 步反应，由 27 个基因编码 15 种酶催化（Beale，2005）。第一阶段由起始物质 α-酮戊二酸合成了含吡咯环的胆色素原（PBG）；第二阶段 4 分子 PBG 合成原卟啉 IX，第三阶段在 Mg^{2+}、光照和 NADPH 都存在的情况下形成；最后一阶段原叶绿素脂 a 加入植醇尾巴及 D 环的丙酸酯化就产生了叶绿素 a，叶绿素 a 可进一步转化合成叶绿素 b，故在整个叶绿素的合成过程中任一相关的基因发生突变就可能会引起叶色突变。

2.2　质体-核传导途径受阻

在高等植物中，只有在叶绿体基因和核基因的相互协调作用下叶绿体才能发育正常，而细胞核和质体在细胞内的信号转导途径是极其复杂的。在质体发育过程中，细胞核调控叶绿体基因的编码表达，同时，细胞核也通过接受质体发育状态的信号进行反馈调节，以此来促进质体发育。Nott 等（2006）根据先前研究总结出 3 种独立的反馈信号途径，包括镁原卟啉 IX、叶绿体基因表达和光合电子传递链的氧化还原状态。镁原卟啉 IX 是叶绿素合成过程的中间产物，由镁原卟啉 IX 积累所激发起的反馈信号是目前研究比较多的一个途径。这些反馈信号可以对核基因的表达进行调控，核编码的多种质体蛋白会受到负调控。例如，捕光色素复合体蛋白就是受反馈信号调控的核基因表达产物，这些蛋白质能够结合叶绿素，并维持叶绿素的稳定，表达量发生改变，就可能会产生叶色突变体。该信号转导途径影响着叶绿体的光合作用和发育，因此如果该传导途径受阻就可能会引起植物叶色突变。

2.3 叶绿体蛋白转运受阻

通常，高等植物叶绿体中的蛋白质有 3000 余种，但叶绿体基因组却只能编码不足 200 个蛋白质，其余的蛋白质都是由细胞核基因来编码。这些蛋白质在细胞质中合成并且能被质体膜识别，通过 Toc/Tic 复合物被转运到叶绿体中。此外，一些类囊体的功能蛋白会形成叶绿素复合体蛋白，通过基质叶绿体信号识别颗粒识别，插入到内膜上进入叶绿体（Theg and Scott，2002）。此类蛋白质向叶绿体内转运的过程中一旦某一环节出现问题，就会导致蛋白质未能进入叶绿体，从而使叶绿体的功能紊乱，并影响光合色素的合成与代谢，最终产生叶色突变体。

2.4 光敏色素调控受阻

光敏色素、UV-A 受体、UV-B 受体及蓝光受体是 4 种不同类型的光受体，它们与植物的光形态建成相关。而其中光敏色素的影响最大，光合系统的建立、叶绿素合成等许多生理过程都会受到光敏色素的调节。此外，光敏色素还能起到去黄化的作用。研究表明，在番茄中由于编码合成光敏色素生色团的合酶基因发生了突变，导致在突变体 *aurea* 和 *yellow-green-2* 中光敏色素生色团合成受阻，而引起叶片产生黄绿色表型（Terry and Kendrick，1999）。在豌豆中，*pcd1* 和 *pcd2* 突变体，是血红素至胆绿素合成过程及胆绿素至 3(Z)-光敏色素生色团合成过程受到抑制。在拟南芥中，参与叶绿素合成过程中第一步反应的谷氨酰 tRNA 还原酶基因 *HEMA* 的表达受 phyA、phyB 和 cry1、cry2 共同作用调控的（Moon et al.，2008）。在水稻中，叶绿素合成过程中的原叶绿素酸酯氧化还原酶基因 POR 家族也受光敏色素介导的光信号来调控。光敏色素除了影响叶绿素合成，还通过转录因子 PIF1 和 PIF3 影响叶绿体的发育过程。例如，在拟南芥中，若光敏色素被红光照射，此时转录因子 PIF3 就会结合与植物光合作用和生物钟调控相关基因的 PIF3 蛋白，使 *PIF3* 基因发生突变，植物感受远红外光的敏感性变弱，叶绿素合成量减低。因此，光敏色素调控受阻就可能会形成叶色突变体。

2.5 血红素反馈调节紊乱

血红素是一种含铁的环状四吡咯。植物体通过血红素的反馈机制使血红素的浓度保持在一定范围内，当血红素的消耗大于合成的时候，由于细胞内游离的血红素浓度降低，从而促进其合成；而当血红素的合成大于消耗的时候，细胞内游离血红素增多，就会抑制其合成。

　　血红素和叶绿素的合成过程极其相似，原卟啉 IX 就是它们最后一个共同的中间产物，也是叶绿素和血红素合成途径的分支点（王平荣等，2009）。由于插入的金属离子不同，从而形成不同的产物。若是原卟啉中插入了 Mg^{2+} 即形成叶绿素，若插入的是 Fe^{2+} 则形成血红素。例如，在西红柿中，光敏色素生色团合酶和血红素加氧酶的基因发生突变，导致血红素的积累产生负反馈，从而抑制了叶绿素前体 δ-氨基酮戊酸合成，产生黄色突变体。此外，水稻中血红素加氧酶 YGL2 基因突变也会使突变体的叶片呈黄绿色（Feng et al.，2013）。

第二篇
白桦金叶突变株的研究

第 3 章　白桦金叶突变株叶色及生长特性

植物叶色变异不仅可以作为标记性状应用于水稻等作物的杂交制种，在基础研究中，叶色突变体是研究植物光合作用机制、叶绿素生物合成分解途径、遗传表达机理、质体-核基因互作及信号传导途径等一系列生理代谢过程的理想材料，因此，叶色突变体备受育种工作者的关注。实验以 T-DNA 插入（含外源基因）突变株——金叶突变株为实验材料，测定叶绿素与叶色的时序变化规律，分析其生长特性，研究结果为后续开展突变基因的功能研究提供参考。

3.1　白桦金叶突变株的获得

研究团队在研究木质素基因（*BpCCR1*）功能时，通过农杆菌介导的叶盘法进行遗传转化，共获得 58 个转 *BpCCR1* 基因的株系。其中，包括 19 个过表达株系和 39 个抑制表达株系。在这些转基因株系中，有一个过表达株系（C3）的叶片颜色为黄色，而其余的转基因株系的叶片颜色均为正常叶色,因此将其命名为金叶突变株(*yl*)（图3-1）。

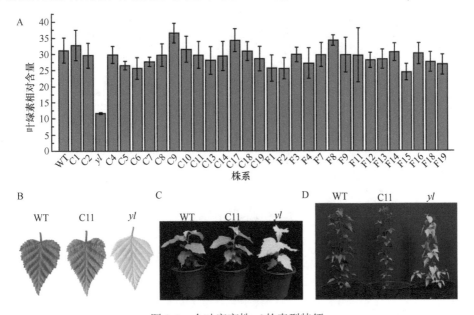

图 3-1　金叶突变株 *yl* 的表型特征

A. 转 *BpCCR1* 基因过表达、抑制表达植株叶片中叶绿素含量；B. WT、C11 和 *yl* 株系叶片；C. 移栽 2 个月的 WT、C11 和 *yl* 苗木；D. 移栽 1 年的 WT、C11 和 *yl* 苗木

叶绿素含量分析表明，yl 株系叶片中叶绿素含量显著低于其他的 *BpCCR1* 转基因植株及野生型白桦。因此，实验以野生型白桦（WT）和另一株转 *BpCCR1* 过表达株系（C11）为对照开展研究。

3.2 白桦金叶突变株叶色时序变化规律

以 3 年生的白桦金叶突变株、转基因对照株系及非转基因野生型白桦为试材，每个株系 30 株，种植在 30 cm×20 cm 的花盆中，置于白桦育种基地。自 5 月初叶片萌动后开始，采用 RHS 标准比色卡（英国皇家园艺学会）与叶片近轴面进行对比，记录不同发育阶段叶片的颜色变化。测定结果显示，金叶突变株的叶色一直呈现深黄绿色，C11 株系的叶色在 6 月初为深黄绿色，随后逐渐的变为中等橄榄绿或暗黄绿色，而 WT 株系从 6 月上旬开始叶色由原来的中等橄榄绿逐渐的变为淡灰橄榄绿色，总之，参试株系的生长发育阶段，yl 系的叶色主要呈现深黄绿色，而 2 个对照株系的叶色是以橄榄绿或暗黄色为主（图 3-2）。

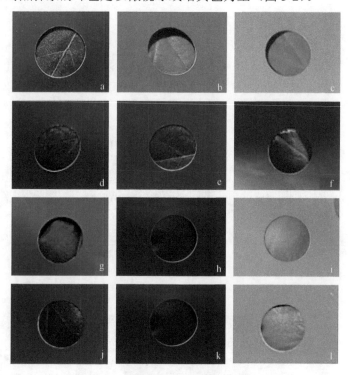

图 3-2　不同发育期参试株系叶片颜色观察

a～c. 6 月 5 日的叶色；d～f. 7 月 5 日的叶色；g～i. 8 月 5 日的叶色；j～l. 9 月 5 日的叶色；a. WT（中等橄榄绿色 146A）；b. C11（深黄绿色 144A）；c. yl（深黄绿色 N144A）；d. WT（淡灰橄榄绿色 NN137D）；e. C11（中等橄榄绿色 137B）；f. yl（深黄绿色 144A）；g. WT（淡灰橄榄绿色 NN137A）；h. C11（暗黄绿色 139A）；i. yl（深黄绿色 144 A）；j. WT（淡灰橄榄绿色 NN137A）；k. C11（暗黄绿色 139A）；l. yl（深黄绿色 144 A）

采用分光色差仪（KONICA MINOLTA CR-400）测定参试株系叶片的叶色参数，结果显示，在生长季的不同发育时期，参试株系叶片的 a^* 值均小于 0，而 b^* 值均大于 0，叶片颜色均分布于表色系统图的第二象限黄绿色区域（图 3-3）。其中金叶突变株的 L^* 值为 48.17～56.77，a^* 值为 –20.04～–15.02，b^* 值为 23.1～44.3；而对照株系的 L^* 值为 29.65～43.89，a^* 值为 –15.97～–6.64，b^* 值为 7.06～23.68（图 3-4）。进一步分析发现，金叶突变株的 L^* 值和 b^* 值均显著高于 2 个对照株系，

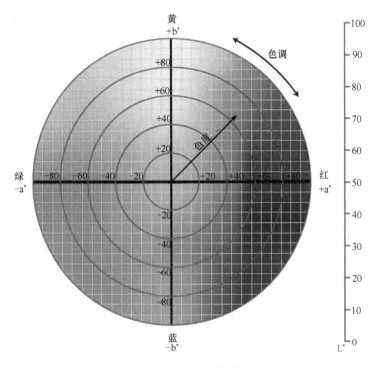

图 3-3　CIELab 表色系统图

a^* 代表红（+）绿（−）色轴饱和度，b^* 代表黄（+）蓝（−）色轴饱和度，L^* 代表叶片亮度

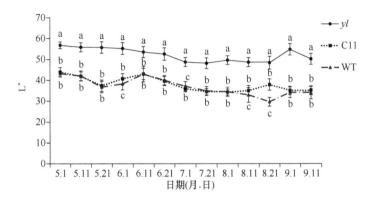

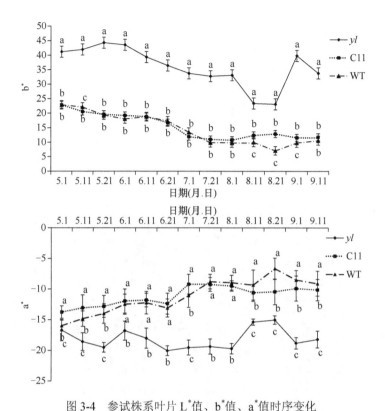

图 3-4　参试株系叶片 L^* 值、b^* 值、a^* 值时序变化

a、b、c 为同一时间点 3 个参试株系 L^* 值、b^* 值或 a^* 值的多重比较结果，不同字母代表差异显著（$P<0.05$）

a^* 值显著低于 2 个对照株系（$P<0.05$）。表明金叶突变株的叶色在不同发育时期其亮度及黄色程度均高于 2 个对照株系，从金叶突变株叶色参数 b^* 值也可以看出其叶色更趋向于 CIELab 表色系统图的黄色区域。

3.3　白桦金叶突变株叶绿素相对含量的时空变化

由图 3-5 可见，从早春到 9 月中旬，2 个对照株系各发育时期其叶绿素相对含量均显著高于金叶突变株（$P<0.05$），2 个对照株系 SPAD 均值为 39.15，而 yl 株系的 SPAD 值为 18.84，仅是 2 个对照株系均值的 48.12%。

于 7 月下旬测定了当年生的同一枝条上第 2～第 10 叶的 Chl a、Chl b、Chl 和类胡萝卜素（Car）含量，结果显示，参试株系的 Chl a、Chl b、Chl 和 Car 含量从第 2～第 10 叶均呈逐渐递增的趋势（图 3-6）。分析发现 yl 株系的 Chl a、Chl b、Chl 和 Car 含量显著低于 2 个对照株系。其中 yl 株系第 4 叶的 Chl a、Chl b、Chl 和 Car 含量分别约为 2 个对照株系均值的 41.71%、28.87%、30.11% 和 30.81%。

对参试株系 Chl a/b 分析发现，*yl* 株系第 4 叶到第 10 叶（成熟叶）的 Chl a/b 显著高于 2 个对照株系，说明 *yl* 株系成熟叶片中的 Chl b 比 Chl a 含量降低的多（图 3-7）。

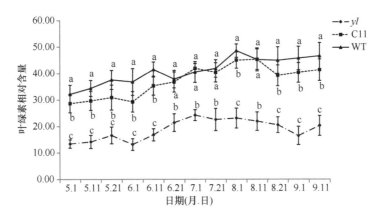

图 3-5　参试株系叶绿素含量相对含量时序变化

a、b、c 为同一时间点 3 个参试株系 L*值、b*值或 a*值的多重比较结果，不同字母代表差异显著（*P* < 0.05）

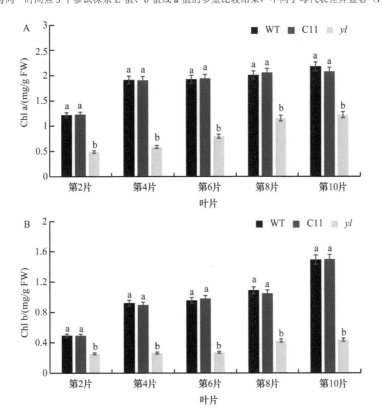

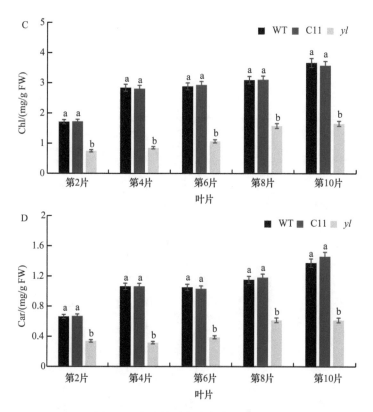

图 3-6　参试株系光合色素含量比较

不同字母代表差异显著（$P<0.05$）

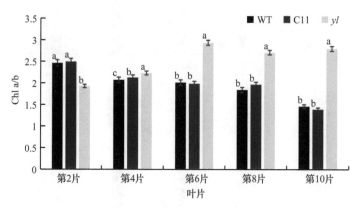

图 3-7　参试株系 Chl a/b 比较

不同字母代表差异显著（$P<0.05$）

3.4 白桦金叶突变株生长特性分析

3.4.1 参试株系苗高生长模型的建立与拟合

分别对参试株系苗高生长过程进行拟合（图 3-8），3 个株系苗高生长过程均为 "S" 形曲线，用 4 参数 Logistic 方程式 $y = \dfrac{a-b}{1+\left(t/t_0\right)^c} + b$ 对 3 个株系共 90 个单株苗

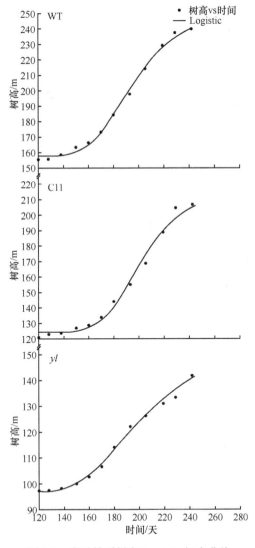

图 3-8 参试株系树高 Logistic 拟合曲线

高进行拟合取平均值，方程中各参数见表3-1，各生长模型方程的拟合系数均高于0.95，达到显著水平，说明用4参数Logistic方程对参试株系生长节律进行拟合是准确可靠的，可用于参试株系高生长分析与预测。

由表3-1可知，yl株系与2个对照株系的苗高生长（即停止生长后的苗高值）差异显著（$P<0.05$），yl株系苗高显著低于2个对照株系，其停止生长时苗高仅为2个对照株系均值的64.85%，其苗高速生点处的生长速度为0.755 cm/天，显著低于2个对照株系，仅为2个对照株系均值的50.9%。

表3-1　参试株系苗高的Logistic模型

株系	R^2	苗木开始生长时苗高/cm	苗木停止生长时苗高/cm	速生点/天	苗高速生点处生长速度/(cm/天)
WT（对照1）	0.9898	155.4375a	244.7a	190a	1.484a
C11（对照2）	0.9884	120.6b	207.1b	200b	1.481a
yl	0.9599	97.2c	146.5c	194ab	0.755b

注：a、b、c不同字母代表差异显著（$P<0.05$）

3.4.2　白桦金叶突变株速生期生长参数变异

参试株系苗高从5月初开始生长，9月中下旬封顶，生长期约为140天。由表3-2可知，yl株系与2个对照株系速生期的起始时间、速生点及持续时间基本一致，不同的是yl株系在速生期内苗高的平均生长量（GR）为38.612 cm，显著低于2个对照株系，其速生期内苗高日生长量均值（GD）也显著低于2个对照株系，仅为2个对照株系均值的58.51%，yl株系与2个对照株系的速生期内生长量占总生长量的比值RRA无明显差异（表3-2）。

表3-2　参试株系速生期生长参数比较

株系	起始时间/天	结束时间/天	速生点/天	持续时间/天	速生期参数		
					GR/cm	GD/(cm/天)	RRA/%
WT（对照1）	122a	211a	190a	212a	62.635a	0.710a	65.4ab
C11（对照2）	122a	221a	200b	222a	61.708a	0.630a	67.9a
yl	122a	222a	194ab	223a	38.612b	0.392b	62.0b

注：a、b、c不同字母代表差异显著（$P<0.05$）

3.5　小　　结

随季节的变化植物叶片颜色也随之变化，特别是春秋两个季节叶色的变化更明显。野生型白桦叶片春季开始萌叶，即叶片在生长初期，其叶绿素含量较少，其叶绿素SPAD值仅为32.41，到了8月以后，SPAD值达48.61，即由中等橄榄绿逐渐变为淡灰橄榄绿，只有在落叶前叶片呈现黄色。而金叶突变株叶片颜色明显不同野生型白桦，在其生长发育期内叶绿素 SPAD 值一直显著低野生型白桦，从早春到深秋叶片始终为深黄绿色。植物叶色变异也往往与叶绿体中色素含量的变化有关。在多数黄化突变体中，其叶绿素的含量显著低于野生型（常青山等，2008），白桦金叶突变株与前人研究结果类似，即叶色在各发育时期其叶绿素SPAD 值均显著低于对照株系（$P<0.05$），yl 株系的 SPAD 值为 18.84，仅为 2 个对照株系均值的 48.12%。叶绿素是植物进行光合作用的主要色素，其含量多少不仅影响叶片颜色，同时也影响植物生长与产量等。

对水稻低叶绿素含量突变体研究发现，该突变体虽然叶绿素含量降低，但叶绿体的发育并未受到影响，高光强下其并未受到光抑制，光反应电子传递也未受影响。产量数据表明，黄叶突变体的产量与对照无显著差别（李玮等，2007）。而本实验的金叶桦突变株则与前人研究结果不同，叶绿素 SPAD 值较对照株系显著降低，其苗高生长也显著低于 2 个对照株系，即速生期内苗高平均生长量仅是 2 个对照株系均值的 62.11%。推测 yl 株系苗高生长低于对照株系可能是叶绿体发育异常及叶绿素含量的降低所致。人们在对白榆（*Ulmus pumila*）的天然黄叶突变体中华金叶榆的研究中也发现，其苗高生长缓慢，叶绿素含量及净光合速率显著低于绿叶白榆（朱晓静等，2014）。

第 4 章　白桦金叶突变株叶片解剖结构观察

叶片是植物进行光合作用、蒸腾作用及气体交换的重要器官，其显微结构不仅是植物进行一系列生理活动的基础，同时也能反映植物的品质、抗逆性及对环境的适应等。叶绿体是植物光合作用的重要场所，叶肉细胞内叶绿体的数目及叶绿体结构的完整性对光合作用性能至关重要。为了探究金叶突变株叶片栅栏组织、海绵组织等厚度，以及叶肉细胞中叶绿体结构、数目、大小是否发生改变，我们采用显微镜及透射电镜对金叶突变株与对照株系的叶片解剖结构和叶绿体超微结构进行了观察分析。

4.1　白桦金叶突变株叶片显微结构观察

通过对光学显微镜下叶片（LT）、上表皮（UE）、下表皮（LE）、栅栏组织（PT）、海绵组织（ST）等的厚度统计发现，上述性状 yl 株系均显著或极显著低于 2 个对照株系（$P<0.05$），而野生型白桦与转基因对照白桦之间差异不显著。yl 株系的叶片、上表皮、下表皮、栅栏组织、海绵组织的厚度等性状分别比 2 个对照株系均值小 20.20%、17.78%、14.82%、22.84%、22.96%（图 4-1），但栅栏组织与海绵组织的厚度比值未发生明显变化。

4.2　白桦金叶突变株叶绿体超微结构观察

对参试株系的叶片制作了超薄切片，进行透射电镜观察。结果显示：3 个株系功能叶片中的叶绿体大小基本一致，2 个对照株系多为不规则的长梭形，而在 yl 株系功能叶片中的叶绿体形态变为细长形。对 3 个株系细胞中叶绿体数目进行统计发现，yl 株系每个细胞中的叶绿体数目与 2 个对照株系差异不显著（图 4-2C）。但 yl 株系中叶绿体的发育与对照白桦相比存在发育缺陷，即叶绿体的基质片层、基粒片层均较对照白桦薄（图 4-2A），而对照白桦的叶绿体发育较完善，具有较厚的基粒。统计结果显示，yl 株系的基粒厚度分别较 WT 和 C11 株系薄了 79.27% 和 82.22%（图 4-2A，C）。并且从细胞的超微结构可以看出，yl 株系中的淀粉粒数量不仅明显少于 WT 和 C11 株系，而且淀粉粒的大小也明显小于 2 个对照株系（图 4-2B）。

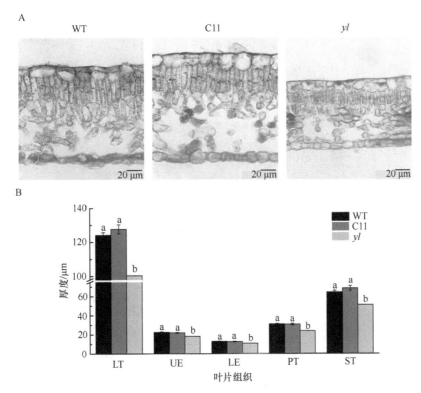

图 4-1　WT、C11 和 *yl* 株系功能叶片解剖结构观察及不同组织厚度比较

不同字母代表差异显著（$P<0.05$）

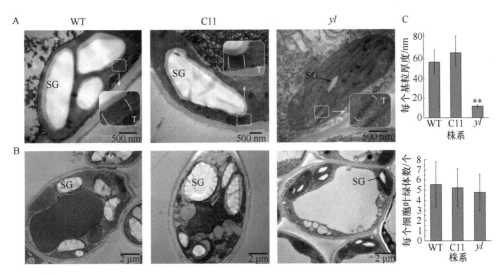

图 4-2　WT、C11 和 *yl* 功能叶片的细胞及叶绿体超微结构

星号代表 *t* 检验 $P<0.01$；SG. 淀粉粒；T. 类囊体

　　此外，对 WT、C11 及 *yl* 株系的第 1～第 3 叶中叶绿体进行观察发现，基本与功能叶片观察结果相似，WT 和 C11 株系叶片中的叶绿体均是发育完善，类囊体紧密堆叠,而 *yl* 株系的第 1～第 3 叶中叶绿体发育状态与功能叶片相似(图 4-3)。这说明 *yl* 株系的叶片中叶绿体的发育均存在缺陷。

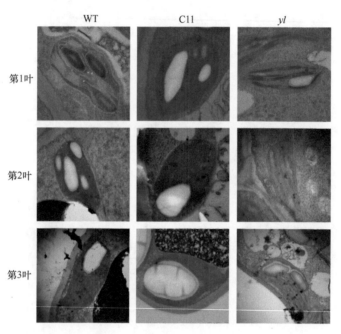

图 4-3　WT、C11 和 *yl* 株系第 1～第 3 叶中叶绿体的超微结构

4.3　小　　结

　　叶绿素的合成与叶绿体类囊体膜的发育密不可分。叶绿素突变体，通常其叶绿体的发育存在缺陷。由于在叶绿体的发育过程中，类囊体膜的形成与叶绿素的积累是密切相关并相互影响的。通常捕光色素蛋白复合体是由叶绿素与类囊体蛋白共同组成的，植物体内的叶绿素会对类囊体反应中心复合物及捕光色素复合物的合成、翻译及组装等造成影响（林宏辉等，1997）。所以若植物体中的叶绿素含量减少，那么相应的类囊体蛋白也会减少。*yl* 株系超微结构观察显示，其叶绿体虽然有片层结构，但类囊体堆叠结构发育不完全，基粒片层明显较对照株系薄，淀粉粒相对较小，认为类囊体堆叠结构的变异与光合色素含量降低相关。另外，发现 *yl* 株系的叶片、上表皮、下表皮、栅栏组织和海绵组织的厚度均显著变薄，但栅栏组织与海绵组织的比值却没有明显的变化。

第 5 章 白桦金叶突变株光合生理特性
及基因表达特性分析

叶色突变体其叶色发生变异往往会影响其光合生理特性及基因表达特性。光合生理的变化主要表现在光合性能、抗氧化酶活性和丙二醛含量的改变。基因表达的变化主要发生在与叶绿素合成、光合作用和叶绿体发育相关基因的表达发生改变。为了了解光合色素含量的降低对 yl 株系的光合性能及基因表达的影响，本章对金叶突变株的光合参数、叶绿素荧光参数、抗氧化酶含量、丙二醛含量及叶绿素合成相关基因的表达量、光合作用相关基因的表达量变化进行了研究。

5.1 白桦金叶突变株光合参数及叶绿素荧光参数测定

分别测定了参试株系第 3～第 10 叶的光合参数（表 5-1），结果表明，3 个参试株系基本是第 4 叶的净光合速率（Pn）、气孔导度（Gs）和蒸腾速率（Tr）最大，随着叶片的衰老 Pn、Gs 和 Tr 总体呈现降低趋势。yl 株系第 3～第 10 叶，除了第 7 叶和第 8 叶的 Pn 与 C11 株系差异不显著，其余的 Pn、Tr 显著低于 2 个对照株系，虽然 yl 株系第 4 叶的 Pn、Tr 达到了最高，但仅为 2 个对照株系均值的 61%、39%。yl 株系第 4 叶的 Gs 显著低于 2 个对照株系，仅为 2 个对照株系均值的 31%。yl 株系第 3～第 9 叶胞间二氧化碳浓度（C_i）与 2 个对照株系之间差异不显著。

表 5-1 参试株系间光合参数均值及多重比较

序号	Pn/[μmol/(m^2·s)]			Gs/[mol/(m^2·s)]		
	WT	C11	yl	WT	C11	yl
第 3 叶	11.10 ± 0.47a	11.30 ± 0.53a	5.62 ± 0.47b	0.42 ± 0.08a	0.28 ± 0.06ab	0.11 ± 0.02b
第 4 叶	12.63 ± 0.69a	12.53 ± 0.11a	7.68 ± 0.54b	0.47 ± 0.04a	0.37 ± 0.05a	0.13 ± 0.03b
第 5 叶	11.13 ± 0.66a	10.07 ± 0.37a	7.64 ± 0.24b	0.37 ± 0.01a	0.24 ± 0.02ab	0.15 ± 0.04b
第 6 叶	9.44 ± 0.21a	9.39 ± 0.60a	6.45 ± 0.42b	0.24 ± 0.07a	0.25 ± 0.02a	0.13 ± 0.04a
第 7 叶	8.90 ± 0.06a	7.96 ± 0.61ab	6.55 ± 0.83b	0.27 ± 0.06a	0.18 ± 0.02ab	0.12 ± 0.03b
第 8 叶	8.55 ± 0.55a	6.66 ± 0.71b	6.06 ± 0.51b	0.18 ± 0.04a	0.14 ± 0.05a	0.09 ± 0.02b
第 9 叶	7.10 ± 0.30a	6.54 ± 0.43a	5.19 ± 0.76b	0.12 ± 0.02a	0.09 ± 0.02ab	0.04 ± 0.01b
第 10 叶	5.77 ± 0.68a	4.56 ± 0.56a	3.89 ± 0.24b	0.09 ± 0.02a	0.08 ± 0.01a	0.05 ± 0.02a

续表

序号	C_i/(μmol/mol)			T_r/[mol/(m²·s)]		
	WT	C11	*yl*	WT	C11	*yl*
第 3 叶	491.67 ± 16.44a	464.33 ± 23.56a	502.67 ± 43.11a	6.03 ± 0.18a	5.33 ± 0.65a	2.2 ± 0.18b
第 4 叶	493.00 ± 18a	467.67 ± 13.56a	500 ± 45.33a	6.95 ± 0.35a	6.42 ± 0.26a	2.58 ± 0.24b
第 5 叶	487.33 ± 20.44a	461.33 ± 3.11a	482 ± 37.33a	6.14 ± 0.48a	5.1 ± 0.28a	2.54 ± 0.26b
第 6 叶	475 ± 38.67a	484.67 ± 26.22a	474.67 ± 65.11a	4.82 ± 0.24a	5 ± 0.28a	2.28 ± 0.18b
第 7 叶	497 ± 22.67a	475.33 ± 18.44a	467.33 ± 58.22a	4.83 ± 0.32a	3.9 ± 0.33a	2.14 ± 0.19b
第 8 叶	469.67 ± 38.22a	439 ± 35.33a	455 ± 43.33a	3.69 ± 0.22a	3.72 ± 0.11a	1.85 ± 0.09b
第 9 叶	461.33 ± 31.78a	429 ± 34a	419.33 ± 27.78a	2.54 ± 0.23a	2.14 ± 0.21a	0.95 ± 0.05b
第 10 叶	455.67 ± 42.22a	429.67 ± 14.44a	316.33 ± 36.89b	2.11 ± 0.18a	1.91 ± 0.32a	1.06 ± 0.11b

注：表中数据均以平均值 ± 标准差表示，不同字母代表达到显著差异水平（$P<0.05$）

对 2 年生 3 个株系功能叶片的光化学淬灭系数（qP）、PSII 最大光化学效率（F_v/F_m）和 PSII 实际光化学效率（ΦPSII）等叶绿素荧光参数进行测定。结果显示：初始荧光（F_0）值是与叶绿素含量相关，同样 *yl* 株系的 F_0 值显著低于 2 个对照株系（图 5-1A）。此外，最大光化学效率、PSII 实际光化学效率、光化学猝灭系数这 3 个参数与对照株系差异不显著（图 5-1B～D），可以看出 *yl* 株系光系统 II（PSII）的供体和受体没有受到影响，光合作用的效率与对照株系相比没有差异。同时 *yl* 株系的净光合速率较对照株系低，说明其的光合能力较对照白桦低。上述实验结果说明 *yl* 株系的光合作用受到影响但光合效率不变。

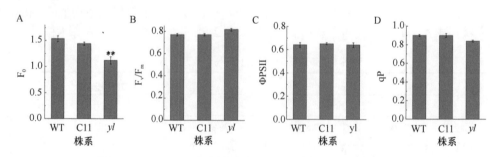

图 5-1   WT、C11 及 *yl* 株系功能叶片的主要叶绿素荧光参数
A. 初始荧光；B. 最大光化学效率；C. 实际光化学效率；D. 光化学淬灭；误差棒代表 3 次独立实验的标准差，
星号代表 *t* 检验 $P<0.01$

5.2   白桦金叶突变株抗氧化酶活性及丙二醛含量变化

二氨基联苯胺（DAB）和氯化硝基四氮唑蓝（NBT）分别能够被细胞中 H_2O_2

和 O_2^- 释放出的氧离子氧化而形成棕色和蓝色甲棕沉淀,染色的深浅可反映细胞中 H_2O_2 和 O_2^- 含量的多少,染色越深,则 H_2O_2 和 O_2^- 积累得越多。由图 5-2 可知,3 个株系的第 2 叶到第 10 叶经 DAB 和 NBT 染色的颜色均是依次变深,说明越衰老叶片 H_2O_2 和 O_2^- 积累得越多。

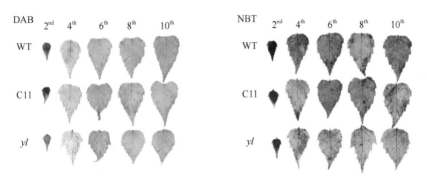

图 5-2　DAB 和 NBT 染色

2nd、4th、6th、8th、10th 分别指从枝顶端开始第 2、第 4、第 6、第 8、第 10 叶

分别对参试株系的抗氧化酶活性及丙二醛(MDA)含量进行测定(图 5-3),结果显示,随着叶片的发育(即第 2 叶到第 10 叶)参试株系叶片中抗氧化酶活性及丙二醛的含量大致呈现增高趋势。就相同叶片比较,*yl* 株系抗氧化酶活性大部分低于 2 个对照株系,而丙二醛的含量高于 2 个对照株系,尤其是近于衰老的第 10 叶,*yl* 株系过氧化物酶(POD)、超氧化物歧化酶(SOD)及过氧化氢酶(CAT)含量均显著低于 WT 株系,其含量分别为 WT 株系的 72.98%、83.63% 和 82.05%,而 MDA 含量却显著高于 2 个对照株系,为 2 个对照株系均值的 1.1 倍。

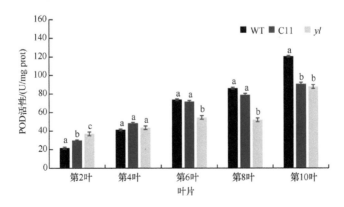

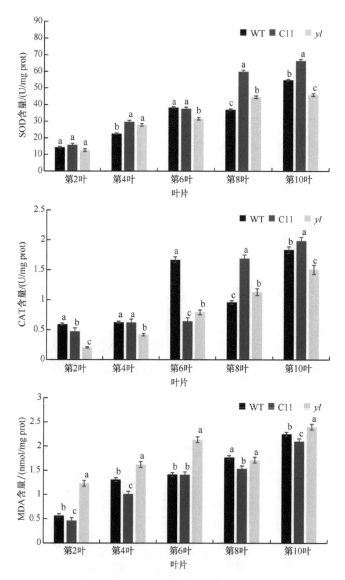

图 5-3　参试株系抗氧化酶活性及丙二醛含量比较

不同字母代表差异显著水平（$P < 0.05$）

5.3　白桦金叶突变株光合相关基因表达特性分析

5.3.1　*BpGLK1* 及叶绿素合成相关基因表达特性

通过 qRT-PCR 分析了 *BpGLK1* 基因、参与叶绿素合成相关基因的时序表达特性（图 5-4），结果发现，与叶绿体发育相关的 *BpGLK1* 基因在 *yl* 株系中几乎不表达，而在 2 个对照株系中相对表达量较高，呈现 6 月 16 日和 7 月 2 日表达量较高的趋势。参与叶绿素合成相关的 *BpCHLI*、*BpCHLD*、*BpCHLH*、*BpHEMA1* 和 *BpCAO* 基因的相对表达量也同样在 6 月 16 日和 7 月 2 日较高，且这些基因的相对表达量在 WT、C11 和 *yl* 株系之间的变化趋势基本一致。说明这些与叶绿素合成相关的基因在 *yl* 株系中的转录水平没有受到影响。

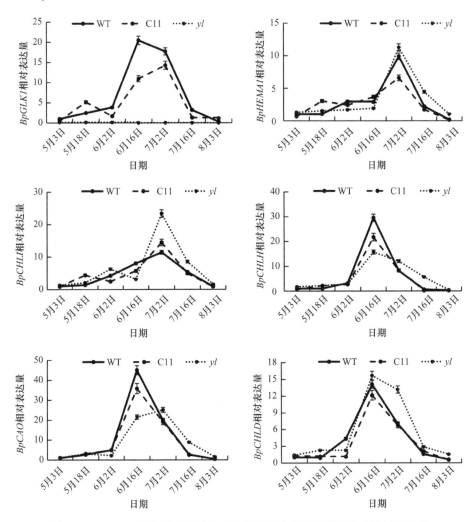

图 5-4　*BpGLK1* 基因及叶绿素合成相关基因在参试株系中的表达特性比较

5.3.2　与光合作用相关基因表达特性

由于金叶突变株净光合速率较低，实验通过 qRT-PCR 分析与光合作用相关的

BpLhca3、*BpLhcb1*、*BpLhcb2*、*BpLhcb4*、*BpATPa* 和 *BpPsbQ* 基因的表达特性（图 5-5），发现上述基因在 6 月 16 日和 7 月 2 日表达量较高，与叶绿素合成相关基因的表达模式基本一致。其中 *BpLhca3*、*BpLhcb1*、*BpLhcb2*、*BpLhcb4* 及 *BpATPa* 基因在 *yl* 株系中相对表达量较低，有的在发育时期几乎不表达。*BpPsbQ* 基因在 WT、C11 和 *yl* 株系之间的表达规律大体一致，但 7 月 16 日和 8 月 3 日该基因在 *yl* 株系中的表达量高于 2 个对照株系。

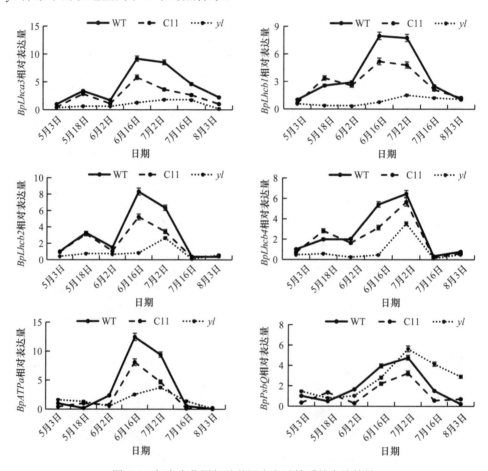

图 5-5　与光合作用相关基因在参试株系的表达特性

5.4　小　　结

本章通过对金叶突变株和野生型白桦在生长季内的光合生理特性进行测定，同时进行与叶绿素合成及光合作用相关的定量分析。研究发现金叶突变株的叶色在整个生长过程中一直呈黄色，净光合速率显著低于对照。

叶色突变的产生往往影响光合速率，且其生理参数也会相应地变化。对甘蓝（*Brassica oleracea*）黄化突变体的研究表明，在整个生长发育期其光合色素含量始终显著低于对照株系，净光合速率（Pn）在苗期、莲座期和结球期均显著低于对照株系，对其进行不同温度处理发现随着温度的降低，其与对照之间的光合色素含量差异逐渐加大（杨冲等，2014）。薄皮甜瓜自然黄化转绿突变体（MT）与对照（WT）相比 MT 植株长势较弱，生育期滞后，但净光合速率无显著差异，MT 的叶色随生长发育而转变，在结果期 MT 叶片的叶绿素和类胡萝卜素含量较 WT 分别降低了 25.69%和 21.26%，SOD、POD、CAT 活性及 MDA 含量高于 WT（李音音等，2013）。此外，泡桐（*Paulownia fortunei*）黄化突变体光合色素含量降低，其中叶绿素含量显著降低，净光合速率和蒸腾效率降低，但其抗氧化酶活性和丙二醛含量升高（茹广欣等，2017）。本研究中 *yl* 株系的净光合速率也显著降低，其第 4 叶的净光合速率约为 2 个对照株系均值的 61%，与杨小苗等（2018）报道的番茄黄化突变体 Y55、茹广欣等（2017）报道的泡桐黄化突变体 PFE 和杨冲等（2014）报道的甘蓝叶色黄化突变体 YL-1 的特性也相一致。但 *yl* 株系叶片中抗氧化酶的含量低于 2 个对照株系，MDA 的含量高于 2 个对照株系。同时，金叶突变株与叶绿素合成及光合作用相关的基因的表达发生了一定程度的改变。

植物叶色突变的产生是受基因控制的，本章以 WT、C11 和 *yl* 株系为材料分析与叶绿体发育、叶绿素合成及光合作用相关基因的表达特性。发现与叶绿体发育相关的 *BpGLK1* 基因在 *yl* 株系中几乎不表达，而在 2 个对照株系中高表达。目前，*GLK* 转录因子在拟南芥、水稻、辣椒（*Capsicum annuum*）和番茄等植物中均有发现，主要功能表现在叶绿体发育、果实品质、生物胁迫和非生物胁迫、植物衰老和激素影响等方面（刘俊芳等，2017）。*HEMA1*、*CHLI*、*CHLD*、*CHLH* 和 *CAO* 基因是叶绿素合成途径关键基因，其中 *HEMA1* 基因（编码谷氨酰-tRNA 还原酶）是叶绿素生物合成的关键酶基因（Mccormac and Terry，2010）。*CHLI*、*CHLD* 和 *CHLH* 基因编码镁离子螯合酶的 3 个亚基，镁离子螯合酶是叶绿素生物合成途径（镁分支）中的第一个酶（Jensen et al.，1996）。*CAO* 基因（叶绿素酸酯 a 加氧酶）催化叶绿素 a 氧化形成叶绿素 b，是叶绿素 b 形成过程中的关键酶（Kunugi et al.，2013）。本研究中 *BpHEMA1*、*BpCHLI*、*BpCHLD*、*BpCHLH* 和 *BpCAO* 在 WT、C11 和 *yl* 株系之间的表达趋势基本一致，说明与叶绿素合成相关的基因在 *yl* 株系中的转录水平没有受到影响。*BpLhca3*、*BpLhcb1*、*BpLhcb2*、*BpLhcb4*、*BpATPa* 和 *BpPsbQ* 基因在光合作用中起到重要作用；*BpLhc* 基因编码捕光蛋白复合体，其在捕获、传递光能和调节光能在两个光系统中的分配方面起着非常重要的作用；*ATPa* 基因编码叶绿体 ATP 合酶的 α 亚基（Drapler et al.，1992）；*BpPsbQ* 基因在稳定 PSII 捕光复合物 II（LhcII）的活性形式方面具有特殊和重要的作用

（Ifuku et al.，2011）。在拟南芥中的研究表明，*BpLhc* 基因是 *GLK* 转录因子的靶基因，其表达受到 *GLK* 的影响（Waters et al.，2009）。白桦 *BpGLK1* 基因在 *yl* 株系中的相对表达量为 0，*BpLhca3*、*BpLhcb1*、*BpLhcb2* 和 *BpLhcb4* 在 *yl* 株系中低表达，呈现大致相同的表达模式。*Lhc* 基因在 *yl* 株系中低表达会使其捕获和传递光能的能力减弱，进而使其净光合速率降低。

第 6 章　不同光照条件下白桦金叶突变株光合生理特性及基因表达特性分析

光是植物进行生长发育的重要环境因子，植物体可以通过光受体去感知环境中光周期、光强等光信号的变化（张清华等，2018）。研究前期我们观察到 *yl* 株系在秋季不能形成休眠芽。研究证明，植物进入和解除休眠都需要一定的条件来诱导。对大多数植物而言日照时间的长短是诱导芽进入休眠状态的重要因素，一般情况下短日照可以诱导植物进入休眠，而长日照可以解除休眠（牛庆丰，2016）。为了明确 *yl* 株系是否失去了对光信号的感应，无法正常形成休眠芽，本章采用长短光照处理苗木，分析 *yl* 及 2 个对照株系白桦生长情况、光合生理特性、休眠芽形成及相关基因表达特性。同时对 *yl* 及 2 个对照株系进行不同光照强度的处理，探寻 *yl* 株系对不同光照强度的响应。

6.1　长短光照处理下白桦金叶突变株光合生理特性及基因表达特性分析

6.1.1　长短光照处理下参试株系生长特性分析

对长短光照处理下 WT、C11 及 *yl* 株系进行苗高测定（图 6-1），计算相对苗高生长，结果表明（表 6-1），长光照处理下参试株系的相对苗高生长显著高于短光照处理。处理 20 天和 30 天时，长光照处理下 2 个对照株系的相对苗高生长显著高于 *yl* 株系，而短光照处理下 *yl* 株系的相对苗高生长显著高于 2 个对照株系，是由于短光照处理下 2 个对照株系已经逐渐进入休眠期，形成休眠芽，而 *yl* 株系

图 6-1　长短光照处理 30 天时参试株系苗木观察

A. 长光照；B. 短光照

没有正常形成休眠芽（图 6-2）。通过后期的观察和测定发现 *yl* 株系虽然不能正常形成休眠芽但也并不继续生长。

表 6-1　长短光照处理下参试株系相对苗高生长

株系	相对苗高生长/%		
	10 天	20 天	30 天
WT-LD	37.54a	116.81a	205.32a
C11-LD	36.56a	114.59a	199.74a
yl-LD	38.83a	103.59b	185.15b
WT-SD	31.27b	65.64d	90.55d
C11-SD	30.73b	66.18d	92.91d
yl-SD	30.18b	73.82c	112.13c

注：LD 表示长光照，SD 表示短光照；不同字母代表达到显著差异水平（*P*<0.05），本章下同

图 6-2　短光照处理 30 天时苗木顶芽观察

6.1.2　长短光照处理下参试株系叶绿素相对含量及叶色参数分析

对长短光照处理下参试株系的叶绿素相对含量及叶色参数进行测定，结果表明（表 6-2），长光照处理下 2 个对照株系的 SPAD、L^*、a^* 和 b^* 分别在 29.63~32.74、31.68~35.82、–11.50~–10.25 和 10.76~13.59 变化，*yl* 株系的 SPAD、L^*、a^* 和 b^* 分别在 11.9~12.19、48.63~50.93、–16.89~–16.53 和 22.74~23.71 变化。短光照处理下 2 个对照株系的 SPAD、L^*、a^* 和 b^* 分别在 24.44~32.13、31.67~37.78、–14.10~–10.76 和 10.78~16.12 变化，*yl* 株系的 SPAD、L^*、a^* 和 b^* 分别在 9.28~12.19、49.05~53.08、–17.75~–17.26 和 22.76~24.03 变化。与长光照处理相比，短光照处理下参试株系的 SPAD、L^*、a^* 和 b^* 变化幅度较大。

在处理的第 30 天，无论是长光照还是短光照，*yl* 株系的 SPAD 均显著高于 2 个对照株系，而叶片亮度（L^*）、黄色程度（b^*）均显著低于 2 个对照株系。

表 6-2 长短光照处理下参试株系叶绿素相对含量及叶色参数

处理	SPAD				L^*			
	0 天	10 天	20 天	30 天	0 天	10 天	20 天	30 天
WT-LD	32.02a	31.30a	29.91a	30.25a	32.24b	34.13b	35.82c	35.54d
C11-LD	32.74a	32.18a	29.63a	30.63a	31.68b	32.23c	34.52c	35.10d
yl-LD	12.19b	12.10c	12.06c	11.90c	49.57a	48.63a	50.93a	50.55b
WT-SD	32.13a	26.86b	25.06b	24.44b	31.67b	32.52c	37.09c	37.59c
C11-SD	32.05a	27.78b	25.63b	25.28b	32.19b	31.93c	37.30c	37.78c
yl-SD	12.19b	11.31c	9.43d	9.28d	49.05a	49.93a	52.05a	53.08a
处理	a^*				b^*			
	0 天	10 天	20 天	30 天	0 天	10 天	20 天	30 天
WT-LD	−11.02a	−10.52a	−11.46a	−11.14a	11.02b	12.51b	13.37c	13.59c
C11-LD	−10.70a	−10.25a	−11.50a	−11.24a	10.76b	12.26b	13.59c	13.46c
yl-LD	−16.89b	−16.88c	−16.53c	−16.62c	22.74a	23.13a	23.59a	23.71a
WT-SD	−10.79a	−11.74b	−13.80b	−14.10b	11.03b	11.58b	16.12b	15.98b
C11-SD	−10.76a	−11.52b	−13.49b	−13.91b	10.78b	12.04b	15.54b	15.19b
yl-SD	−17.33b	−17.26c	−17.36c	−17.75d	22.76a	23.39a	23.91a	24.03a

注：SPAD 代表叶绿素相对含量，L^*代表叶片亮度，a^*代表红（+）绿（−）色轴饱和度，b^*代表黄（+）蓝（−）色轴饱和度

6.1.3 长短光照处理下参试株系光合色素含量分析

对长短光照处理 30 天的苗木摘取叶片进行光合色素含量的测定，结果表明（表 6-3），短光照处理下 WT、C11 和 *yl* 株系的 Chl 含量分别为长光照处理的 82.86%、81.75%和 71.03%，Chl a 含量分别为长光照处理的 86.28%、87.27%和 71.56%，Chl b 含量分别为长光照处理的 75.92%、71.85%和 69.55%，Car 的含量分别为长光照处理的 87.39%、90.72%和 76.15%。

与长光照处理相比，同一株系在短光照处理下的 Chl、Chl a、Chl b 及 Car 含量显著降低，Chl/Car 显著降低，而 Chl a/b 显著升高。

表 6-3 长短光照处理下参试株系光合色素含量均值及多重比较

处理	Chl/(mg/g)	Chl a/(mg/g)	Chl b/(mg/g)	Car/(mg/g)	Chl a/b	Chl/Car
WT-LD	2.859 ± 0.195a	1.909 ± 0.085a	0.951 ± 0.023a	1.110 ± 0.011a	2.007 ± 0.153d	2.576 ± 0.042a
C11-LD	3.020 ± 0.146a	1.948 ± 0.085a	1.073 ± 0.011b	1.131 ± 0.016a	1.816 ± 0.150e	2.671 ± 0.055a
yl-LD	1.015 ± 0.135c	0.749 ± 0.059c	0.266 ± 0.009e	0.390 ± 0.017c	2.819 ± 0.139b	2.603 ± 0.041a
WT-SD	2.369 ± 0.102b	1.647 ± 0.048b	0.722 ± 0.015c	0.970 ± 0.014b	2.281 ± 0.155c	2.493 ± 0.039b
C11-SD	2.469 ± 0.175b	1.700 ± 0.049b	0.771 ± 0.028d	1.026 ± 0.012b	2.206 ± 0.124c	2.408 ± 0.038b
yl-SD	0.721 ± 0.132d	0.536 ± 0.021d	0.185 ± 0.036f	0.297 ± 0.015d	2.899 ± 0.163a	2.432 ± 0.039b

注：表中数据以平均值 ± 标准差表示，本章下同

6.1.4　长短光照处理下参试株系叶绿素荧光参数和光合参数分析

参试株系叶绿素荧光参数的测定表明（表 6-4），长光照处理下参试株系的最大光化学效率显著高于短光照处理下参试株系的最大光化学效率，且长短光照处理下 *yl* 与 2 个对照株系的最大光化学效率差异均不显著。

参试株系光合参数的测定表明（表 6-5），2 个对照株系经短光照处理后 Pn 均显著降低，其中短光照处理下 WT 株系 Pn 为长光照处理的 87.34%，短光照处理下 C11 株系 Pn 为长光照处理的 85.73%。而长短光照处理下 *yl* 株系 Pn 没有显著差异。与长光照处理相比，短光照处理下 2 个对照株系 Gs 和 Tr 无显著变化，C_i 显著升高，*yl* 株系 Gs、Tr 和 C_i 均显著降低。

表 6-4　长短光照处理下参试株系最大光化学效率均值及多重比较

处理	F_v/F_m
WT-LD	$0.781 \pm 0.002b$
C11-LD	$0.785 \pm 0.005ab$
yl-LD	$0.799 \pm 0.009a$
WT-SD	$0.760 \pm 0.001c$
C11-SD	$0.772 \pm 0.010c$
yl-SD	$0.759 \pm 0.015c$

表 6-5　长短光照处理下参试株系光合参数均值及多重比较

处理	Pn/[μmol/(m²·s·)]	Gs/[mol/(m²·s)]	Tr/[mol/(m²·s)]	C_i/(μmol/mol)
WT-LD	$9.511 \pm 0.304a$	$0.124 \pm 0.008a$	$2.619 \pm 0.176a$	$442.667 \pm 27.046b$
C11-LD	$9.652 \pm 0.181a$	$0.126 \pm 0.008a$	$2.631 \pm 0.192a$	$442.25 \pm 28.115b$
yl-LD	$7.019 \pm 0.422c$	$0.068 \pm 0.002b$	$1.611 \pm 0.031b$	$366 \pm 16.977c$
WT-SD	$8.307 \pm 0.099b$	$0.139 \pm 0.012a$	$2.556 \pm 0.695a$	$498 \pm 69.292a$
C11-SD	$8.275 \pm 0.306b$	$0.121 \pm 0.013a$	$2.411 \pm 0.727a$	$532.556 \pm 51.361a$
yl-SD	$7.096 \pm 0.229c$	$0.033 \pm 0.002c$	$0.839 \pm 0.054c$	$265.111 \pm 18.354d$

6.1.5　长短光照处理下参试株系抗氧化酶活性及丙二醛含量测定与分析

对长短光照处理下参试株系进行 DAB 染色，结果表明（图 6-3），长光照处理下 2 个对照株系的染色较深，长短光照处理下 *yl* 株系的染色较浅。

对长短光照处理下参试株系抗氧化酶活性和丙二醛含量进行测定，结果表明（表 6-6），与长光照处理相比，短光照处理下 2 个对照株系 POD 和 SOD 含量显著降低，CAT 含量显著升高，而 *yl* 株系 POD 含量显著升高，SOD 含量显著降低。长短光照处理下 MDA 含量没有明显规律。

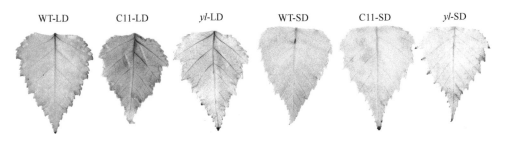

图 6-3　长短光照处理下参试株系 DAB 染色

表 6-6　长短光照条件下参试株系抗氧化酶活性和丙二醛含量均值及多重比较

处理	POD/(U/mg prot)	SOD/(U/mg prot)	CAT/(U/mg prot)	MDA/(nmol/mg prot)
WT-LD	39.066 ± 1.971a	44.788 ± 2.317a	0.822 ± 0.198c	5.194 ± 0.265ab
C11-LD	33.781 ± 1.421b	38.467 ± 1.625b	0.874 ± 0.192c	3.015 ± 0.059d
yl-LD	11.010 ± 0.849f	26.805 ± 2.712c	0.125 ± 0.014d	4.607 ± 0.518bc
WT-SD	21.614 ± 1.114d	22.263 ± 1.295d	1.474 ± 0.028b	4.396 ± 0.415c
C11-SD	26.949 ± 0.611c	19.859 ± 0.714d	1.943 ± 0.131a	5.691 ± 0.217a
yl-SD	19.265 ± 0.861e	20.691 ± 0.650d	0.157 ± 0.039d	3.497 ± 0.315d

6.1.6　长短光照处理下参试株系叶绿体发育及叶绿素合成相关基因表达特性

对叶绿体发育及叶绿素合成相关基因进行实时荧光定量分析,结果表明(图6-4),与叶绿体发育相关的 *BpGLK1* 基因在 *yl* 株系中几乎不表达，且在短光照处理下 2 个对照株系 *BpGLK1* 基因相对表达量显著低于长光照处理。与长光照处理相比，短光照处理下参试株系与叶绿素合成相关的 *BpHEMA1*、*BpCAO*、*BpCHLH* 和 *BpCHLD* 基因相对表达量显著降低，但短光照处理下 *yl* 株系 *BpHEMA1*、*BpCAO*、*BpCHLH* 和 *BpCHLD* 基因相对表达量高于 2 个对照株系。与长光照处理相比，短光照处理下 2 个对照株系 *BpCHLI* 基因相对表达量显著升高，*yl* 株系 *BpCHLI* 基因相对表达量显著降低。

6.1.7　长短光照处理下参试株系光合作用相关基因表达特性

对光合作用相关基因进行实时荧光定量分析，结果表明（图6-5），长光照处理下与光合作用相关的 *BpLhca3*、*BpLhcb1*、*BpLhcb2* 和 *BpLhcb4* 基因在 *yl* 株系中的相对表达量显著低于 2 个对照株系中的相对表达量。与长光照处理相比，短光照处理下 2 个对照株系 *BpLhca3*、*BpLhcb1*、*BpLhcb2*、*BpLhcb4* 和 *BpPsbQ* 基因相对表达量显著降低，*yl* 株系 *BpLhca3*、*BpLhcb4* 和 *BpPsbQ* 基因相对表达量显著降低，但 *BpLhcb2* 基因相对表达量显著升高。

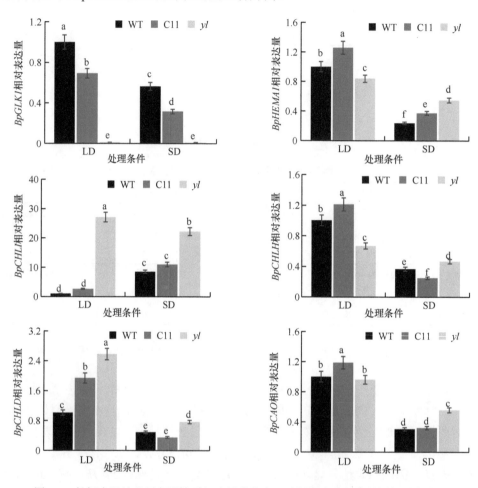

图6-4 长短光照处理下参试株系与叶绿体发育及叶绿素合成相关基因相对表达量

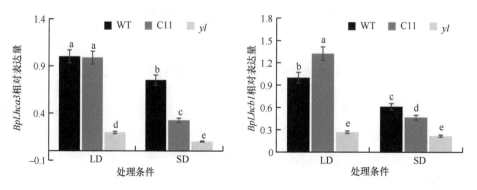

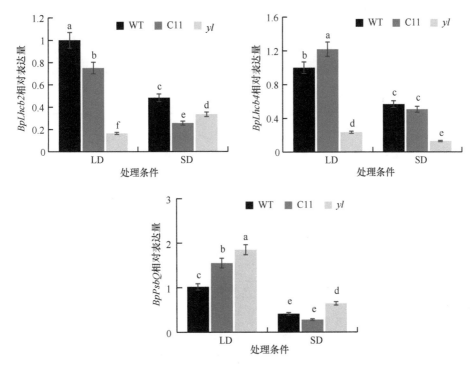

图 6-5　长短光照处理下参试株系与光合作用相关基因相对表达量

6.2　不同光照强度下白桦金叶突变株光合生理特性及基因表达特性分析

6.2.1　不同光照强度下参试株系生长特性分析

对不同光照强度下参试株系苗高进行测定，结果表明（表 6-7），参试株系相对苗高生长受不同光照强度的影响。处理 10 天时，3 种光照强度下参试株系的相对苗高生长无显著差异。随着处理时间的延长，处理 60 天时，正常光照条件下参试株系的相对苗高生长基本相同，且显著高于强光照和弱光照条件下参试株系的相对苗高生长。弱光照条件下 3 个株系苗木相对苗高生长没有显著差异，而强光照条件下 yl 株系的相对苗高生长显著高于 2 个对照株系，为 2 个对照株系相对苗高生长均值的 1.2 倍。

6.2.2　不同光照强度下参试株系叶色参数分析

对不同光照强度下参试株系进行叶色参数的测定，结果表明（表 6-8），正常

表 6-7　不同光照强度下参试株系的相对苗高生长

处理	相对苗高生长/%					
	10 天	20 天	30 天	40 天	50 天	60 天
WT-T1	34.87a	85.64a	133.85a	190.26a	236.92a	269.23a
C11-T1	31.79a	88.21a	135.28a	186.15a	229.23a	263.08a
yl-T1	33.85a	89.74a	137.22a	184.62a	239.74a	287.69a
WT-T2	29.92a	75.38b	94.31c	135.08d	177.38c	195.54c
C11-T2	29.08a	73.84b	97.95c	137.23d	173.33c	195.90c
yl-T2	30.26a	82.05ab	124.10b	178.46b	196.92b	234.36b
WT-T3	29.33a	64.71c	120.19b	159.62c	191.35b	215.38bc
C11-T3	28.72a	63.08c	122.56b	162.56c	186.15b	221.03bc
yl-T3	31.28a	61.85c	108.72bc	150.77c	176.92c	216.56bc

注：T1 表示正常光照，T2 表示强光照，T3 表示弱光照，本章下同

表 6-8　不同光照强度下参试株系叶色参数

叶色参数	处理	处理时间						
		0 天	10 天	20 天	30 天	40 天	50 天	60 天
L^*	WT-T1	41.16b	41.77c	41.47c	39.16d	39.56c	38.89c	38.57c
	C11-T1	41.75b	41.92c	42.70c	39.31d	39.45c	39.12c	38.56c
	yl-T1	54.57a	54.95b	52.85a	52.43b	52.66a	52.61a	53.25a
	WT-T2	41.16b	43.01c	46.39b	44.81c	44.56b	44.32b	43.56b
	C11-T2	41.75b	44.65c	46.21b	45.87c	43.98b	44.12b	43.87b
	yl-T2	54.57a	58.37a	54.49a	55.97a	54.34a	54.28a	54.98a
	WT-T3	41.16b	41.95c	39.75d	38.09d	37.66c	38.06c	37.98c
	C11-T3	41.75b	41.86c	39.99d	38.29d	37.53c	37.93c	37.87c
	yl-T3	54.57a	59.22a	54.87a	54.52a	54.67a	55.32a	54.98a
a^*	WT-T1	−15.07a	−15.35a	−12.95a	−12.89a	−12.61a	−12.33a	−12.22a
	C11-T1	−15.09a	−15.74a	−12.73a	−13.33a	−12.95a	−12.56a	−12.15a
	yl-T1	−16.02b	−17.44b	−15.40c	−14.95b	−15.03b	−15.25c	−15.37d
	WT-T2	−15.07a	−15.8a	−15.18c	−14.89b	−14.57b	−14.36b	−14.31c
	C11-T2	−15.09a	−16.12a	−15.18c	−14.58b	−14.77b	−14.45b	−14.51c
	yl-T2	−16.02b	−17.69b	−15.44c	−15.47b	−15.57b	−15.28c	−15.22d
	WT-T3	−15.07a	−16.12a	−14.03b	−13.04a	−13.35a	−12.56a	−12.76b
	C11-T3	−15.09a	−16.07a	−14.11b	−13.36a	−13.21a	−12.34b	−12.78b
	yl-T3	−16.02b	−17.66b	−15.45c	−14.84b	−15.54b	−15.89d	−16.32e
b^*	WT-T1	19.82b	20.16d	18.2cd	15.93d	14.56e	14.21e	13.78f
	C11-T1	19.89b	20.39d	18.98c	16.31d	14.35e	14.34e	13.54f
	yl-T1	27.09a	27.73b	24.98a	24.95a	23.78b	23.45b	22.56c
	WT-T2	19.82b	21.36d	23.05b	21.73c	21.34c	21.56c	20.89b
	C11-T2	19.89b	21.52d	22.65b	21.82c	21.63c	21.34c	21.02b
	yl-T2	27.09a	29.07a	25.32a	26.64a	25.85a	25.31a	24.98a
	WT-T3	19.82b	20.87cd	17.82d	16.54d	15.64d	15.31d	14.89d
	C11-T3	19.89b	20.17d	17.67d	16.63d	15.26d	15.34d	15.21e
	yl-T3	27.09a	28.67a	25.77a	25.34b	25.98a	26.03a	25.74a

注：L^* 代表叶片亮度，a^* 代表红（+）绿（−）色轴饱和度，b^* 代表黄（+）蓝（−）色轴饱和度

光照、强光照、弱光照条件下 2 个对照株系 L*分别在 38.56~42.70、41.16~46.39、37.53~41.95 变化，yl 株系 L*分别在 52.43~54.95、54.28~58.37、54.52~59.22 变化。3 种光照强度下 yl 株系 L*均显著高于 2 个对照株系。随着处理时间的延长（60 天时），3 种光照强度下 yl 株系 L*差异不显著，而强光照条件下 2 个对照株系 L*显著高于正常光照和弱光照条件。

正常光照、强光照、弱光照条件下 2 个对照株系 a*分别在–15.74~–12.15、–16.12~–14.31、–16.12~–12.34 变化，yl 株系 a*分别在–17.44~–14.95、–17.69~–15.22、–17.66~–14.84 变化。3 种光照强度下 yl 株系 a*大部分显著低于 2 个对照株系。随着处理时间的延长（60 天时），正常光照和强光照条件 yl 株系 a*显著高于弱光照条件，而正常光照条件下 2 个对照株系 a*显著高于强光照和弱光照条件，其中强光照条件下 2 个对照株系 a*较小。

正常光照、强光照、弱光照条件下 2 个对照株系 b*分别在 13.54~20.39、19.82~23.05、14.89~20.87 变化，yl 株系 b*分别在 22.56~27.73、24.98~29.07、25.34~28.67 变化。3 种光照强度下 yl 株系 b*均显著高于 2 个对照株系。随着处理时间的延长（60 天时），弱光照条件 yl 株系 b*显著高于正常光照和强光照条件，而强光照条件下 2 个对照株系 b*显著高于正常光照和弱光照条件，其中正常光照条件下 2 个对照株系 b*较小。

6.2.3　不同光照强度下参试株系光合色素含量分析

分别对不同光照强度下参试株系光合色素含量进行测定，结果表明（表 6-9），3 种光照强度下 yl 株系 Chl、Chl a、Chl b 和 Car 含量均显著低于 2 个对照株系。与正常光照相比，强光照和弱光照条件下 2 个对照株系的 Chl、Chl a 和 Car 含量显著降低，强光照条件下 2 个对照株系 Chl b 含量显著降低，弱光照条件下 2 个对照株系 Chl b 含量显著升高。与正常光照和弱光照条件下 yl 株系相比，强光照条件下 yl 株系的 Chl、Chl a、Chl b 和 Car 含量显著升高，其中强光照条件下 yl 株系的 Chl、Chl a、Chl b 和 Car 含量分别为正常光照条件下 yl 株系的 139.02%、151.65%、110.92%和 153.20%，为弱光照条件下 yl 株系的 156.02%、170.66%、123.72%和 156.28%。表明强光照可以使 yl 株系的光合色素含量增多。

6.2.4　不同光照强度下参试株系抗氧化酶和丙二醛含量分析

对不同光照强度下参试株系进行 DAB 染色，结果表明（图 6-6），2 个对照株系的染色较 yl 株系深，且强光照条件下 2 个对照株系的染色最深。

表 6-9 不同光照强度下参试株系光合色素参数均值及多重比较

处理	Chl/(mg/g)	Chl a/(mg/g)	Chl b/(mg/g)	Car/(mg/g)
WT-T1	1.705 ± 0.024a	1.189 ± 0.014a	0.517 ± 0.012b	0.646 ± 0.009a
C11-T1	1.680 ± 0.037a	1.161 ± 0.039a	0.519 ± 0.015b	0.631 ± 0.007b
yl-T1	0.569 ± 0.018e	0.395 ± 0.008d	0.174 ± 0.015e	0.203 ± 0.006f
WT-T2	1.031 ± 0.021c	0.701 ± 0.010b	0.330 ± 0.021c	0.404 ± 0.017c
C11-T2	1.039 ± 0.016c	0.700 ± 0.021b	0.339 ± 0.034c	0.400 ± 0.016c
yl-T2	0.791 ± 0.035d	0.599 ± 0.013c	0.193 ± 0.022d	0.311 ± 0.010e
WT-T3	1.304 ± 0.049b	0.687 ± 0.033b	0.617 ± 0.015a	0.290 ± 0.018d
C11-T3	1.322 ± 0.045b	0.697 ± 0.019b	0.625 ± 0.017a	0.291 ± 0.015d
yl-T3	0.507 ± 0.028f	0.351 ± 0.004e	0.156 ± 0.018f	0.199 ± 0.012f

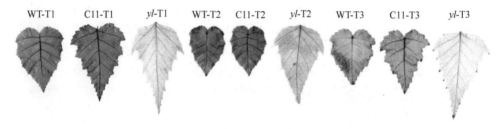

图 6-6 不同光照强度下参试株系 DAB 染色

分别对不同光照强度下参试株系抗氧化酶及丙二醛含量进行测定，结果表明（表 6-10），与正常光照条件相比，强光照条件下 2 个对照株系的 POD、SOD 和 MDA 含量显著升高，弱光照条件下 2 个对照株系的 POD、SOD 和 MDA 含量显著降低，强光照和弱光照条件下 *yl* 株系 POD 和 MDA 含量显著降低，SOD 和 CAT 含量显著升高。

表 6-10 不同光照强度下参试株系抗氧化物酶含量均值及多重比较

处理	POD/(U/mg prot)	SOD/(U/mg prot)	CAT/(U/mg prot)	MDA/(nmol/mg prot)
WT-T1	26.010 ± 1.032b	15.633 ± 0.766b	1.818 ± 0.165de	2.282 ± 0.089b
C11-T1	28.566 ± 1.455b	16.148 ± 0.534b	3.563 ± 0.127b	2.310 ± 0.087b
yl-T1	14.202 ± 0.611c	1.929 ± 0.342f	0.196 ± 0.048g	0.788 ± 0.023d
WT-T2	32.126 ± 1.755a	22.502 ± 1.045a	5.205 ± 0.167a	2.694 ± 0.124a
C11-T2	34.015 ± 1.766a	22.303 ± 0.987a	2.656 ± 0.113c	2.872 ± 0.108a
yl-T2	4.610 ± 0.344f	7.684 ± 0.332c	0.972 ± 0.136e	0.704 ± 0.014e
WT-T3	5.955 ± 0.233e	7.177 ± 0.233c	2.393 ± 0.057cd	1.274 ± 0.056c
C11-T3	6.109 ± 0.344e	5.469 ± 0.212d	1.194 ± 0.059fe	1.351 ± 0.039c
yl-T3	8.432 ± 0.378d	3.767 ± 0.201e	0.542 ± 0.133ef	0.738 ± 0.021e

6.2.5　不同光照强度下参试株系叶绿体发育及叶绿素合成相关基因表达特性

对叶绿体发育及叶绿素合成相关基因进行定量分析，结果表明（图 6-7），3 种光照强度下 *yl* 株系中与叶绿体发育相关的 *BpGLK1* 基因均低表达，而 *BpGLK1* 基因在 2 个对照株系中高表达。与叶绿素合成相关的 *BpCAO*、*BpCHLH* 和 *BpCHLD* 基因在强光照条件下 *yl* 株系中的相对表达量较高，与强光照条件下 *yl* 株系叶绿素总含量增加相符合。

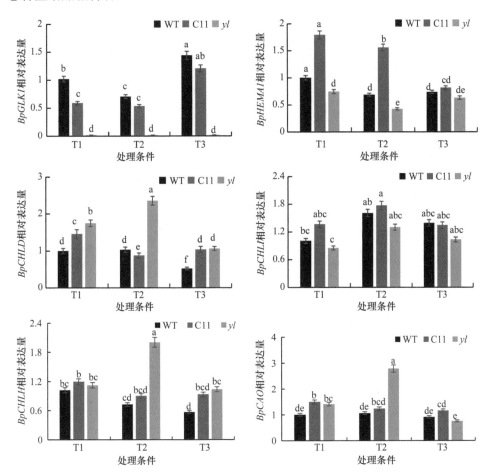

图 6-7　不同光照强度下参试株系与叶绿体发育及叶绿素合成相关基因表达特性

6.2.6　不同光照强度下参试株系与光合作用相关基因表达特性

对光合作用相关基因进行定量分析，结果表明（图 6-8），*BpLhca3*、*BpLhcb1*、

BpLhcb2、*BpLhcb4* 和 *BpPsbQ* 基因基本上在正常光照条件下 2 个对照株系的相对表达量较高，而在强光照和弱光照条件下 2 个对照株系的相对表达量大部分较低。*BpLhca3*、*BpLhcb1*、*BpLhcb2* 和 *BpLhcb4* 基因在 3 种光照强度条件下 *yl* 株系中的相对表达量差异不大，但 *BpPsbQ* 在正常光照条件下 *yl* 株系中的相对表达量较高。

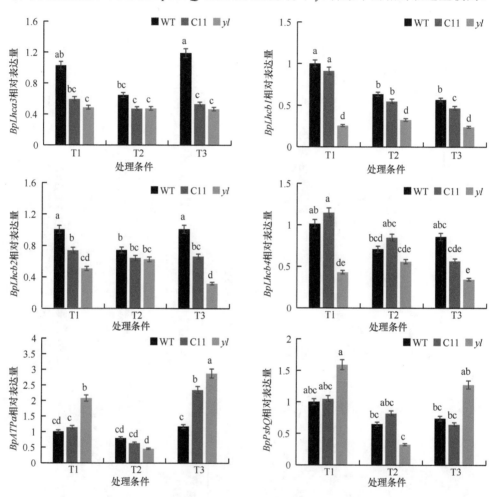

图 6-8　不同光照强度下参试株系与光合作用相关基因表达特性

6.3　小　　结

6.3.1　白桦金叶突变株对光周期的响应

光是植物进行生长发育的重要环境因素之一，对植物生长发育的影响贯穿植物的整个生命周期（周秦等，2017）。在本研究的前期观察到金叶突变株在秋季无法形成休眠芽。因此在实验室条件下对其进行长短光照处理，观察短光照处理下金叶突变株的顶芽。长日照（20 h/天）条件下'日光'翠菊（*Callistephus chinensis* 'Day Light'）的株高明显高于短日照（10 h/天）（张春燕等，2014）。对山白兰（*Paramichelia baillonii*）的研究表明，与 12 h/天光周期相比，16 h/天光周期处理下山白兰有较大的苗高增长量、叶面积、植物干重和鲜重，说明 16 h/天光周期较 12 h/天对山白兰的生长促进效果较好（韦秋梅，2018），类似的结果在芥蓝研究中也出现过（黄忠凯，2017）。在本研究中长光照处理下参试株系的相对苗高生长显著高于短光照处理，与其他物种的研究结果相类似。光周期之所以影响植物的生长，可能是因为使得植物光合作用的时间延长，从而产生更多的碳水化合物以支持植株的生长发育。

光周期不仅会影响植物的生长，而且对光合色素含量也有一定的影响。对金线莲（*Anoectochilus roxburghii*）分别进行 6 h、10 h 和 14 h 光照时间处理，结果表明光照 14 h 叶绿素含量最高，光照 6 h 叶绿素含量最低（冼康华等，2019）。与对照（光照时长 13 h）相比，短日照处理（光照时长 7 h 和 10 h）下金银花（*Lonicera japonica*）叶片中叶绿素 a、叶绿素 b 和类胡萝卜素含量随光照时长的缩短而减少（薛欢等，2018）。另外，张欢等（2012）也指出随着光周期的延长，植物叶绿素和类胡萝卜素含量逐渐增加，16 h/天达到最大。本研究中同一株系在长光照处理下的光合色素含量显著高于短光照处理。

叶绿素荧光可以用来反映植物吸收及利用光能的情况（Baker，2008）。有研究表明，光周期会对植物光系统性能产生显著影响，从而使植物生长发育表现出差异（李冬梅等，2014）。刘庆（2015）关于草莓（*Fragaria × ananassa*）的研究表明 16 h/天光周期处理下其叶片最大光学效率（F_v/F_m）达到最大值。对紫丁香（*Syringa oblata*）设置 2 种不同光周期处理，实验组（16 h 光照）和对照组（12 h 光照），实验组叶片的净光合速率、蒸腾速率和气孔导度显著高于对照组（高明辉等，2012）。研究发现，较长光周期下冬青（*Ilex chinensis*）组培苗生长量、株高、叶面积显著增大，同时光合速率和气孔导度分别提高 17.0%和 64.3%（刘文芳，2012）。本研究中长光照处理下参试株系的 F_v/F_m 显著高于短光照处理。长光照处理下 2 个对照株系的净光合速率显著高于短光照处理的 2 个对照株系，但长短光照处理下 *yl* 株系的净光合速率无显著差异。植物在不同光周期下展现的外部形态特征变化，往往与内在生理的变化有关。对茄子（*Solanum melongena*）幼苗进行不同光周期的研究表明，延长光照时间不仅能促进幼苗生长，还能通过提高 POD 和 CAT 活性来增加抗逆性（陈敏和李海云，2010）。本研究中长光照处理下 2 个对照株系的 POD 和 SOD 含量显著高于短光照处理的 2 个对照株系。

6.3.2 白桦金叶突变株对光照强度的响应

光通过两方面影响植物的生长发育：一是光照时间，二是光照强度。本研究对参试株系分别进行不同光照强度处理，探寻金叶突变株对不同光照强度的响应。对省沽油（*Staphylea bumalda*）进行 3 种不同光照强度的处理，表明光照 39.87% 时其苗高和地径最大（张都海等，2017）。鼬鹕茶（*Mallotus peltatus*）4 种不同光照强度（全光照、73%光照、52%光照、28%光照）的处理表明，随着处理时间的延长，光照强度对株高增量的影响逐渐显现，至 60 天时全光照条件下其生长明显受到抑制，后期株高增量平稳，52%光照的处理对鼬鹕茶株高增量的影响最明显（杨虎彪和刘国道，2017）。光强也会影响蔬菜幼苗的生长，研究表明光照强度下降至 620 μmol/(m²·s)以下时，番茄的生长量和干物质积累会显著下降（杨延杰等，2007）。本研究正常光照条件下相对苗高生长最大，而强光照和弱光照条件下对参试株系的相对苗高生长较小。

茶花 3 种不同光照强度处理的研究表明强光照对其叶绿素合成有一定的抑制作用（黄永韬等，2012）。小麦（*Triticum aestivum*）弱光照处理表明弱光照条件下小麦幼苗叶绿素含量呈现显著降低，弱光照条件下其叶绿素 a、叶绿素 b 和叶绿素总含量分别是自然光照下的 63.93%、98.28%和 73.47%（郑好，2019）。本研究发现正常光照条件下 2 个对照株系的光合色素含量最高，而强光照和弱光照条件下 2 个对照株系光合色素含量降低，但强光照条件下 *yl* 株系的光合色素含量增加，可能是由于强光照对 *yl* 株系光合色素的合成有促进作用。

紫花地丁（*Viola yedoensis*）的 5 种不同光照强度处理表明随着光照强度的降低，SOD 和 POD 活性总体呈先升高后下降趋势（严晓芦等，2019）。对美丽兜兰（*Paphiopedilum insigne*）分别进行 100%、47.3%、15.1%和 7.3%透光率处理，结果表明 47.3%透光率时其生长幅度、叶绿素含量显著高于其他处理条件下，100%透光率时其 MDA 含量较高，表明强光照对其膜系统产生损伤，47.3%透光率时其 POD 和 SOD 含量较高（聂珍臻等，2018）。本研究中强光照条件下 2 个对照株系 POD、SOD 和 MDA 含量较高，而正常光照条件下 *yl* 株系 MDA 含量较高。表明强光照对 2 个对照株系可能有一定的胁迫作用。

第 7 章　白桦金叶突变株耐盐性分析

与 2 个对照株系相比，金叶突变株叶绿素含量、净光合速率显著降低，抗氧化酶含量降低，丙二醛含量升高。目前研究团队已经证明 *yl* 株系叶色变异是 *BpGLK1* 基因缺失引起的。研究表明 *GLK* 基因的功能与植物非生物胁迫相关（Liu et al.，2016a；Nagatoshi et al.，2016）。因此本章对 3 个株系进行盐胁迫处理，进而探寻金叶突变株与 2 个对照株系的耐盐性差异。

7.1　盐害指数统计

使用 0.3%NaCl 对 WT、C11 和 *yl* 株系进行盐胁迫处理后，对盐处理和未处理的苗木进行观察（图 7-1），未处理的苗木生长正常，而盐处理 3 天时苗木叶片发黄，其中 *yl* 株系叶片发黄更明显。对其进行盐害指数进行统计（图 7-2），*yl* 株系的盐害指数显著高于 2 个对照株系。

图 7-1　未处理和盐处理参试株系观察

A. 未处理的 WT、C11 和 *yl* 株系；B. 盐处理 3 天的 WT、C11 和 *yl* 株系

7.2　抗氧化酶和丙二醛含量分析

对未处理及盐处理 3 天的参试株系进行抗氧化酶和丙二醛含量的测定（表 7-1），与未处理的株系相比，盐处理 3 天的 2 个对照株系的 SOD、POD 和 MDA 含量升高，而 *yl* 株系 SOD 含量显著降低，MDA 含量显著升高，表明 *yl* 株系叶片损伤严重。

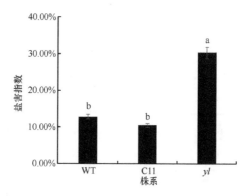

图 7-2　WT、C11 和 *yl* 株系盐害指数统计

不同字母代表达到显著差异水平（*P* < 0.05）

表 7-1　未处理和盐处理株系抗氧化酶和丙二醛含量分析

处理	SOD/(U/mg prot)	POD/(U/mg prot)	CAT/(U/mg prot)	MDA/(nmol/mg prot)
WT-0	45.99 ± 1.03d	14.81 ± 0.28b	0.75 ± 0.10a	3.12 ± 0.32c
C11-0	48.31 ± 0.87c	13.70 ± 0.23bc	0.30 ± 0.1b	2.87 ± 0.31c
yl-0	54.84 ± 0.89ab	11.04 ± 0.34d	0.42 ± 0.1ab	3.25 ± 0.43c
WT-3	53.02 ± 0.76b	17.63 ± 0.45a	0.84 ± 0.2a	5.75 ± 0.53b
C11-3	56.41 ± 0.62a	15.26 ± 0.23cd	0.24 ± 0.1b	6.34 ± 0.76b
yl-3	48.22 ± 0.38c	11.15 ± 0.23d	0.27 ± 0.1b	10.25 ± 1.03a

注：0 表示未处理，3 表示盐处理 3 天；表中数据以平均值 ± 标准差表示；不同字母代表达到显著差异水平（*P* < 0.05）

7.3　防御相关基因表达分析

采用实时荧光定量 PCR 的方法对参试株系与防御相关基因进行定量分析，结果表明（图 7-3），*BpPOD15*、*BpPOD21*、*BpJAZ10*、*BpNPR1*、*BpPYL4* 和 *BpSOD* 基因在 2 个对照株系中盐处理 3 天的相对表达量高于未处理的，而 *BpPOD21*、*BpJAZ10*、*BpNPR1* 和 *BpSOD* 基因在 *yl* 株系中盐处理 3 天与未处理的相对表达量没有显著差异。

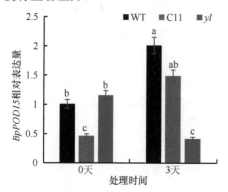

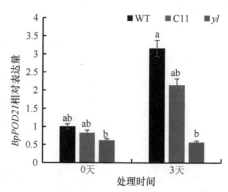

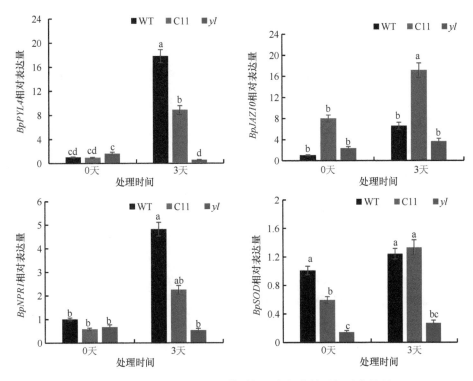

图 7-3　未处理和盐处理株系与防御相关基因相对表达量
不同字母代表达到显著差异水平（$P < 0.05$）

7.4　小　　结

对参试株系进行盐处理，2 个对照株系盐害指数显著低于 *yl* 株系。盐处理后，2 个对照株系叶片中的 SOD、POD 和 MDA 含量升高。而 *yl* 株系经盐处理后表现为 SOD 显著降低，MDA 含量显著升高，说明 *yl* 株系叶片损伤严重。

对防御相关基因进行定量分析，其中盐处理的 2 个对照株系 *BpPOD15*、*BpPOD21* 和 *BpSOD* 基因的相对表达量高于未处理的，与测定的 POD 和 SOD 含量基本相吻合。盐处理的 2 个对照株系 *BpJAZ10*、*BpNPR1* 和 *BpPYL4* 基因的相对表达量高于未处理的，*BpPOD21*、*BpSOD*、*BpJAZ10* 和 *BpNPR1* 基因的相对表达量在未处理和盐处理的 *yl* 株系之间差异不显著。

第8章 白桦金叶突变株基因表达特性分析

转录组是指特定的环境或生理条件下特定组织或细胞中转录出的所有 RNA 的总和。研究转录组可以从整体上研究基因功能、结构及特定生物学过程的分子机理。转录组测序技术 RNA-Seq 有着高效、快捷的特点，近些年被广泛应用于转录组研究中。金叶突变株叶色一直呈黄色，其光合生理特性也发生了一定的变化，而光合生理特性与基因差异表达是分不开的。越来越多的研究表明 lncRNA（long non-coding RNA）、miRNA 具有重要的生物学功能，并广泛参与到生长发育、生殖发育、胁迫响应及植物激素传导等过程（Liu et al., 2015a; Xie et al., 2015）。我们对 WT、C11 和 *yl* 株系叶片进行 lncRNA、miRNA 及 mRNA 测序，分析差异表达的 lncRNA 和 miRNA 及其靶基因功能。

8.1 白桦金叶突变株 lncRNA 差异表达特性

研究以定植于东北林业大学白桦育种基地的 4 年生 WT、C11 和 *yl* 株系为取材对象。每个无性系选取 3 个生长状态一致并无病虫伤害的单株。每株选取 3 个向阳生长的枝条，将靠近顶芽的第 1～第 4 叶摘下。我们将取自同一无性系的叶片混样，分为 3 份，锡箔纸包裹并迅速置于液氮带回实验室。WT 和 C11 株系分别被设定为对照株系 1 和 2。

8.1.1 lncRNA 文库构建及数据分析

本研究采用 CTAB 法提取 3 个无性系叶片的总 RNA。为检测产物的纯度、浓度和完整性，我们采用 Nanodrop（微量紫外分光光度计）、Qubit 2.0（核酸-蛋白定量仪）、Agilent 2100（生物芯片分析仪）和电泳等方法。随后，由百迈克生物科技有限公司进行 WT、C11 和 *yl* 3 个株系的文库构建。库检检测合格后，利用 Illumina HiSeq2500 测序平台进行转录组测序，结果表明（表 8-1），将测序所得的原始数据（raw data）去除测序接头、引物序列及低质量值数据，获得 69 100 952 到 74 348 888 个高质量序列（clean reads）。其中，78%以上的 clean reads 数目可以比对到白桦基因组上，均值 40%以上的 clean reads 数目可以比对到白桦基因组正链，约 38 % 的 clean reads 数目可以比对到白桦基因组负链。样品的 GC 含量均大于 44.64%。样品的 Q30 均大于 94.50%。综上，这些结果表明该转录组数据可以满足后续数据分析的需求。

表 8-1　lncRNA 测序数据评估

样品	高质量序列/个	比对到参考基因组的 clean reads 百分比/%	比对到参考基因组正链的 clean reads 百分比/%	比对到参考基因组负链的 clean reads 百分比/%	GC 含量/%	Q30/%
WT	74 348 888	78.16	40.14	38.02	45.64	94.72
C11	69 100 952	79.48	40.61	38.86	44.64	94.98
yl	73 307 994	78.25	39.99	38.26	45.01	94.50

8.1.2　lncRNA 的鉴定及差异表达分析

使用 Cufflinks 软件将组装好的转录本与参考基因组比对，鉴定有编码能力的转录本。我们将长度小于 200 bp 的不具备编码能力的转录本删除，对获得的转录本进行编码潜能的鉴定，没有编码潜能的转录本为 lncRNA。本研究中，编码潜能计算（coding potential calculator，CPC）、编码-非编码索引（coding-non-coding index，CNCI）、编码潜能评估工具（coding potential assessment tool，CPAT）和 Pfam（蛋白质家族）蛋白结构域分析 4 种分析方法为编码潜能鉴定的手段。CPC 是一种基于序列比对的蛋白质编码潜能计算工具，通过将转录本与已知蛋白质数据库比对来评估其潜在编码能力（Kong et al.，2007）。CNCI 分析是一种通过相邻核苷酸三联体特征区分编码-非编码转录本的方法且不依赖于已知的注释文件（Sun et al.，2013）。CPAT 分析是一种通过构建逻辑回归模型，基于可读框（open reading frame，ORF）长度、ORF 覆盖度，计算 Fickett 得分和 Hexamer 得分来判断转录本编码和非编码能力的分析方法（Wang et al.，2013a）。Pfam 数据库是全面的蛋白结构域分析的分类系统（Finn et al.，2014）。

基于 CPC、CNCI、CPAT、Pfam 蛋白结构域分析，对 lncRNA 鉴定显示，共鉴定到 2187 个 lncRNA（图 8-1A）。根据 FPKM，我们获得 WT、C11、*yl* 3 个株系的 lncRNA 表达模式。由差异基因个数分析可知（图 8-1B），与 WT 株系相比，132 个（77 个上调，55 个下调）lncRNA 在 *yl* 株系中差异表达。与 WT 株系相比，137 个（88 个上调，49 个下调）lncRNA 在 C11 株系中差异表达。与 C11 株系相比，160 个（69 个上调，91 个下调）lncRNA 在 *yl* 株系中差异表达。为分析差异基因的表达模式，我们绘制比较组间的维恩图。结果表明（图 8-1C），50 个 lncRNA 在 WT_vs_*yl* 和 WT_vs_C11 中共同差异表达，有 56 个 lncRNA 在 WT_vs_C11 和 C11_vs_*yl* 中共同差异表达，有 53 个 lncRNA 在 WT_vs_*yl* 和 C11_vs_*yl* 中共同差异表达。此外，为了分析 lncRNA 在染色体上的分布，我们绘制 Circos 图。由该图（图 8-1C）可知，差异表达的 lncRNA 在染色体上分布是不均匀的。

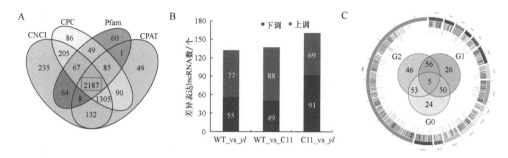

图 8-1　lncRNA 鉴定及不同样品间差异表达 lncRNA 分析

A. lncRNA 鉴定；B. 差异表达 lncRNA 上调和下调的基因数量；C. 差异表达 lncRNA 维恩图和 Circos 图；
G0 代表 WT_vs_*yl*，G1 代表 WT_vs_C11，G2 代表 C11_vs_*yl*，本章下同

8.1.3　lncRNA 的靶基因预测及功能分析

基于 lncRNA 与其靶基因的不同作用方式，利用 2 种方法预测 lncRNA 的靶基因。第一种方法是基于 lncRNA 调控其邻近基因表达的作用方式，将 lncRNA 上下游 100 kb 范围内的 mRNA 确定为 lncRNA 的靶基因。第二种方法是基于 lncRNA 与 mRNA 碱基互补配对而产生的作用方式，利用 lncTar 靶基因预测工具对 lncRNA 的靶基因进行预测。根据 COG（Cluster of Orthologous Groups of proteins）、GO（Gene Ontology）、KEGG（Kyoto Encyclopedia of Genes and Genomes）、Swiss-Prot（A manually annotated and reviewed protein sequence database）和 NR（NCBI non-redundant protein sequences）公共数据库，我们采用 BLAST 软件获得靶基因的功能注释信息。GO 数据库是一个结构化的标准生物学注释系统，建立了基因及蛋白质研究的标准信息体系。为预测差异表达 lncRNA 的靶基因的主要生物学功能，我们使用 goseq 软件进行 GO 分类分析。KEGG 数据库是代谢通路相关的重要公共数据库。为分析差异表达 lncRNA 的靶基因参与的代谢通路，KOBAS 软件被用于 KEGG 分类（Wu et al.，2006）。

8.1.4　差异表达 lncRNA 靶基因功能分析

为比较不同样品间基因的表达差异，我们采用 FPKM（fragments per kilobase of transcript per million fragments mapped）方法衡量转录本或基因的表达水平（Trapnell et al.，2010）。差异倍数 FC（fold change）大于等于 2 且 FDR（false discovery rate）小于 0.05 作为筛选差异表达基因（DEGs）的标准（Qu et al.，2018）。我们采用 EBSeq 软件获取 2 个样品的差异表达 lncRNA 集（Leng et al.，2013）。此外，我们利用 R 语言 gplots 绘制 2 个比较组合的维恩图（Wang et al.，2010a）。Circos 图可用于识别和分析由于基因组的比较而产生的相似性和差异性。通过序列比对

使用色条以显示其在基因组上的位置关系（Krzywinski et al., 2009）。此外，CIRCOS 软件（http://circos.ca/images）被用于绘制 Circos 图。

根据 COG、GO、KEGG、Swiss-Prot 及 NR 等公共数据库，lncRNA 的靶基因的分子功能被注释（表 8-2）。其中，与 WT 株系相比，在 C11 株系中差异表达的 lncRNA 靶基因被 COG 数据库注释 273 个基因，GO 数据库注释 567 个基因，KEGG 数据库注释 256 个基因，Swiss-Prot 数据库注释 542 个基因和 NR 数据库注释 712 个基因。与 C11 株系相比，在 *yl* 株系中差异表达的 lncRNA 靶基因在 COG 数据库注释了 330 个基因，GO 数据库注释了 661 个基因，KEGG 数据库注释了 321 个基因，Swiss-Prot 数据库注释了 617 个基因和 NR 数据库注释了 844 个基因。与 WT 株系相比，在 *yl* 株系中差异表达的 lncRNA 靶基因在 COG 数据库注释了 279 个基因，GO 数据库注释了 546 个基因，KEGG 数据库注释了 263 个基因，Swiss-Prot 数据库注释了 515 个基因和 NR 数据库注释了 694 个基因。

表 8-2　注释的差异表达 lncRNA 靶基因数量　　　　　（单位：个）

差异比较	COG 数据库	GO 数据库	KEGG 数据库	Swiss-Prot 数据库	NR 数据库
WT_vs_C11	273	567	256	542	712
C11_vs_*yl*	330	661	321	617	844
WT_vs_*yl*	279	546	263	515	694

8.1.5　差异表达 lncRNA 靶基因 GO 分类

GO 数据库是一个适用于所有物种的对基因及蛋白质的功能结构进行注释的系统。GO 分类可将基因分为细胞组分（cellular component）、分子功能（molecular function）、生物学过程（biological process）三大类。对差异表达 lncRNA 靶基因进行 GO 分类，结果表明（图 8-2），差异表达 lncRNA 靶基因主要集中在细胞组成的细胞、细胞器和细胞组件；分子功能的催化活性和结合；生物学过程的细胞过程、代谢过程、单一有机体过程、响应刺激和生物调节。

8.1.6　差异表达 lncRNA 靶基因 KEGG 富集

KEGG 被公认为代谢通路富集分析的重要数据库。对 *yl* 株系中特异表达的 53 个 lncRNA 的靶基因进行 KEGG 分类。结果表明（表 8-3），这些靶基因共参与到 38 个代谢通路，主要包括次生代谢物生物合成、嘌呤代谢、植物激素信号传导与淀粉和蔗糖代谢等通路。因此，我们认为这些代谢通路可能与叶色变异密切相关。

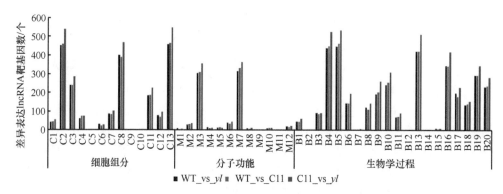

图 8-2　不同样品间表达差异 lncRNA 靶基因的 GO 分类

C1. 胞外区，C2. 细胞，C3. 细胞膜，C4. 细胞连接，C5. 细胞外基质，C6. 膜包围的内腔，C7. 高分子复合物，C8. 细胞器，C9. 细胞外基质部分，C10. 细胞膜基质部分，C11. 细胞器部分，C12. 细胞膜部分，C13. 细胞组件；M1. 蛋白结合转录因子活性，M2. 核酸结合转录因子活性，M3. 催化活性，M4. 受体活性，M5. 结构因子活性，M6. 运输活性，M7. 结合，M8. 电子载体活性，M9. 抗氧化活性，M10. 酶调节活性，M11. 营养容量活性，M12. 分子翻译活性；B1. 复制，B2. 细胞杀伤，B3. 免疫系统过程，B4. 代谢过程，B5. 细胞过程，B6. 生殖过程，B7. 生物附着，B8. 信号，B9. 多细胞有机体过程，B10. 发育过程，B11. 生长，B12. 移动，B13. 单一有机体过程，B14. 生物学时期，B15. 节律过程，B16. 响应刺激，B17. 定位，B18. 多有机体过程，B19. 生物调节，B20. 细胞组成组织起源

表 8-3　*yl* 株系中特异表达 lncRNA 靶基因 KEGG 注释分类统计

代谢通路	通路代码	靶基因数
基因复制	K03030	6
核苷酸切除修复	K03420	7
嘧啶代谢	K00240	9
次生代谢物生物合成	K01110	41
嘌呤代谢	K00230	10
柠檬酸循环	K00020	6
戊糖和葡萄糖醛酸的相互转化	K00040	6
淀粉和蔗糖代谢	K00500	11
苯丙烷类生物合成	K00940	9
玉米素生物合成	K00908	3
丙氨酸、天冬氨酸和谷氨酸代谢	K00250	4
蛋白酶体	K03050	4
甘油磷脂代谢	K00564	5
错配修复	K03430	3
基础切除修复	K03410	3
聚合酶	K03020	3
苯丙氨酸代谢	K00360	3
卟啉和叶绿素代谢	K00860	3
类胡萝卜素生物合成	K00906	2

续表

代谢通路	通路代码	靶基因数
过氧化物酶体	K04146	4
同源重组	K03440	3
植物激素信号转导	K04075	10
油菜类固醇生物合成	K00905	1
碳代谢	K01200	9
α-亚麻酸代谢	K00592	2
光合生物碳固定	K00710	3
脂肪酸生物合成	K00061	2
RNA 降解	K03018	4
精氨酸生物合成	K00220	2
酪氨酸代谢	K00350	2
缬氨酸、亮氨酸和异亮氨酸降解	K00280	2
谷胱甘肽代谢	K00480	3
氰氨基酸代谢	K00460	2
叶酸生物合成	K00790	1
磷酸戊糖途径	K00030	2
苯丙氨酸、酪氨酸和色氨酸生物合成	K00400	2
氨基酸的生物合成	K01230	7
光合作用	K00195	2

8.2　白桦金叶突变株 miRNA 差异表达特性

8.2.1　miRNA 文库构建及数据分析

采用 CTAB 法提取总 RNA，并检测 RNA 样品的浓度、纯度和完整性等，保证使用合格的样品进行测序。样品检测合格后，以 1.5 μg 的量作为 RNA 样本起始量，用水补充体积至 6 μL，使用 Small RNA Sample Pre Kit 试剂盒进行文库的构建。文库构建完成后，使用 Qubit 2.0 对文库的浓度进行检测，将文库浓度稀释至 1 ng/μL，使用 Agilent 2100 bioanalyzer 对 Insert Size 进行检测，使用 Q-PCR 方法对文库的有效浓度进行准确定量，以保证文库质量。库检合格后，用 HiSeq2500进行高通量测序获得原始序列。因测序得到的原始序列含有接头序列或低质量序列，为了保证信息分析的准确性，需要对原始数据进行质量控制，得到高质量序列（即 clean reads，质量值大于或等于 30 的碱基 reads 数），原始序列质量控制的标准如下：①去除低质量 reads（质量值低于 30 的碱基所占比例超过 20%）；

②去除未知碱基 N 含量大于等于 10%的 reads；③截除 3′端接头和标签序列；
④去除短于 18 nt 或长于 30 nt 的核苷酸序列。

8.2.2 miRNA 鉴定及文库质量评价

由于 miRNA 转录的起始位点通常位于基因间隔区、内含子，以及与编码序
列反向互补的序列上，其前体是具有标志性的发夹结构，成熟体的形成是由
Dicer/DCL 酶的剪切实现的。针对 miRNA 的生物特征，对于比对到参考基因组的
序列，利用 miRDeep2 软件进行已知及新 miRNA 鉴定。miRDeep2 软件将长度为
18～30 nt 核苷酸序列比对到 miRBase 数据库中特定物种上，鉴定出已知的
miRNA。过滤获得的未比对到参考基因组的，通过碱基数目延伸，进行 miRNA 结
构预测，获得新的 miRNA。

为分析 miRNA 的差异表达模式，对 WT、C11 和 *yl* 3 个株系进行高通量测
序分析。结果表明（表 8-4），获得 11 461 259 到 12 969 056 个质量序列。其中，
43.97%以上的 clean reads 数目可以比对到白桦基因组上，分别有约 30.67 %和
13.12%的 clean reads 数目可以比对到白桦基因组正链和负链。样品的 Q30 均大
于 98.72%。综上这些结果表明该数据可以满足后续数据分析的需求。

表 8-4　miRNA 测序数据评估

样品	高质量序列/个	Q30/%	比对到参考基因组的 clean reads/个	比对到参考基因组正链的 clean reads/个	比对到参考基因组负链的 clean reads/个
WT	11 461 259	98.78	5 604 037（48.90%）	3 788 497 （33.06%）	1 815 540 （15.84%）
C11	12 459 437	98.72	5 456 840（43.97%）	3 822 207 （30.67%）	1 634 633 （13.12%）
yl	12 969 056	99.01	6 122 312（47.21%）	4 237 730 （32.68%）	1 884 582 （14.53%）

注：括号内数据为占总测序数据的百分比

8.2.3 sRNA 分类注释

Bowtie 软件是一种短序列比对软件，尤其适用于高通量测序获得的 reads 比
对。利用 Bowtie 软件，将 clean reads 分别与 Silva 数据库、GtRNAdb 数据库、
Rfam 数据库和 Repbase 数据库进行序列比对，过滤核糖体 RNA（rRNA）、转运
RNA（tRNA）、核内小 RNA（snRNA）、核仁小 RNA（snoRNA）等 ncRNA 以
及重复序列，获得包含 miRNA 的未注释序列。sRNA 注释分类统计见表 8-5。
在 11 461 259 个 clean reads 中包含有重复序列 8986 个，rRNA 共 2 061 432 个，
snoRNA 共 1284 个，tRNA 共 126 487 个，最后得到未获得注释的小 RNA 序列
有 9 263 070 个，占全部小 RNA 的 80.82%。用于后续 miRNA 的鉴定及其靶基
因的分析。

表 8-5 sRNA 类型

类型	clean reads 数/个	百分比/%
Total	11 461 259	100
rRNA	2 061 432	17.99
scRNA	0	0
snRNA	0	0
snoRNA	1 284	0.01
tRNA	126 487	1.1
重复序列	8 986	0.08
未注释序列	9 263 070	80.82

8.2.4 已知 miRNA 鉴定及新 miRNA 预测

由于不同物种 miRNA 的长度所占百分比不同，因此以长度进行分类统计（图 8-3）。不同样品的 miRNA 均是 21 nt 占据最多，其次是 24 nt、22 nt。所有样品共预测出 274 个新的 miRNA，未得到已知的 miRNA，其长度以 21 nt 居多，说明白桦 sRNA 以 21 nt 为主要类型。与长白落叶松（*Larix olgensis*）、火炬松（*Pinus taeda*）等的结果相一致。

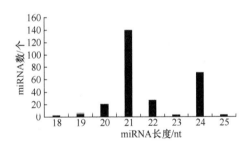

图 8-3 新预测 miRNA 的长度分布图

8.2.5 miRNA 差异表达分析

为比较不同样品间 miRNA 的表达差异，对各样本中 miRNA 进行表达量的统计，并用可信平台模块 TPM 算法对表达量进行归一化处理（Fahlgren et al.，2007）。在差异表达 miRNA 检测过程中，使用 $|\log_2(\text{FC})| \geqslant 1$ 且 FDR $\leqslant 0.05$ 作为筛选标准。我们采用 IDEG6 软件获取 2 个样品的差异表达 miRNA 集（Romualdi et al.，2003），采用 R 语言 gplots 绘制维恩图。

根据 TPM，我们获得 WT、C11、*yl* 3 个株系 miRNA 表达的模式。由 miRNA 差异表达分析结果可知（图 8-4A），与 WT 株系相比，104 个（12 个上调，92 个下调）miRNA 在 *yl* 株系中差异表达。与 WT 株系相比，48 个（9 个上调，39 个下调）miRNA 在 C11 株系中差异表达。与 C11 株系相比，58 个（12 个上调，46 个下调）miRNA 在 *yl* 株系中差异表达。为分析差异基因的表达模式，我们绘制比较组合间的维恩图。结果表明（图 8-4B），23 个 miRNA 在 WT_vs_*yl* 和 WT_vs_C11 中共同差异表达，有 6 个 miRNA 在 WT_vs_C11 和 C11_vs_*yl* 中共同差异表达，有 32 个 miRNA 在 WT_vs_*yl* 和 C11_vs_*yl* 中共同差异表达，有 14 个 miRNA 在 WT_vs_*yl* 、WT_vs_C11 和 C11_vs_*yl* 间共同差异表达。

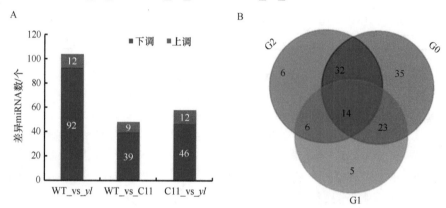

图 8-4　不同样品间差异表达 miRNA 分析

A. 差异表达 miRNA 上调和下调的基因数量；B. 差异表达 miRNA 维恩图

8.2.6　差异表达 miRNA 靶基因功能分析

采用植物 miRNA 本地命令软件 TargetFinder 预测 miRNA 的靶基因（Allen et al.，2005）。根据已知 miRNA 和新预测的 miRNA 的序列为查询序列，以白桦基因组数据作为靶基因筛选数据库，进行 miRNA 靶基因预测。使用 BLAST 软件将预测靶基因序列与 GO、COG、KEGG、KOG、Pfam、NR 和 Swiss-Prot 数据库比对，获得靶基因的注释信息（表 8-6）。其中利用 GO、KEGG 来进行 miRNA 靶基因的差异分析。

miRNA 靶基因被 COG 数据库注释 52 个，GO 数据库注释 79 个，KEGG 数据库注释 27 个，Swiss-Prot 数据库注释 190 个，NR 数据库注释 246 个，KOG 数据库注释 100 个，Pfam 数据库注释 235 个。

将差异表达 miRNA 的靶基因与数据库比对（表 8-7），其中，与 WT 株系相比，在 *yl* 株系中差异表达 miRNA 的靶基因被 COG 数据库注释 11 个，GO 数据库注释 40 个，KEGG 数据库注释 10 个，Swiss-Prot 数据库注释 85 个，NR 数据库注释 109 个，KOG 数据库注释 54 个，Pfam 数据库注释 103 个。与 C11 株系相比，在 *yl* 株系中差异表达 miRNA 的靶基因被 COG 数据库注释 8 个，GO 数据库注释 28 个，KEGG 数据库注释 8 个，Swiss-Prot 数据库注释 58 个，NR 数据库注释 78 个，KOG 数据库注释 48 个，Pfam 数据库注释 72 个。与 WT 株系相比，在 C11 株系中差异表达 miRNA 的靶基因被 COG 数据库注释 5 个，GO 数据库注释 17 个，KEGG 数据库注释 7 个，Swiss-Prot 数据库注释 32 个，NR 数据库注释 39 个，KOG 数据库注释 9 个，Pfam 数据库注释 34 个。

表 8-6　靶基因注释结果统计　　　　　　　（单位：个）

COG 数据库	GO 数据库	KEGG 数据库	Swiss-Prot 数据库	NR 数据库	KOG 数据库	Pfam 数据库
52	79	27	190	246	100	235

表 8-7　注释的差异 miRNA 靶基因数量统计　　　　　　　（单位：个）

差异比较	COG 数据库	GO 数据库	KEGG 数据库	Swiss-Prot 数据库	NR 数据库	KOG 数据库	Pfam 数据库
WT_vs _yl	11	40	10	85	109	54	103
C11_vs _yl	8	28	8	58	78	48	72
WT_vs_C11	5	17	7	32	39	9	34

8.2.7　差异表达 miRNA 靶基因 GO 分类

对差异表达 miRNA 靶基因进行 GO 分类，结果表明（图 8-5），差异表达 miRNA 靶基因主要集中在细胞组分亚类的细胞、细胞膜、细胞器和细胞组件；分子功能亚类的催化活性和结合；生物学过程亚类的代谢过程、细胞过程、单一有机体过程和生物调节。

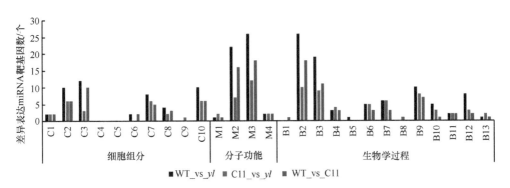

图 8-5　不同样品间表达差异 miRNA 靶基因的 GO 分类

C1. 胞外区，C2. 细胞，C3. 细胞膜，C4. 细胞连接，C5. 膜包围的内腔，C6. 高分子复合物，C7. 细胞器，C8. 细胞器基质部分，C9. 细胞膜基质部分，C10. 细胞组件；M1. 核酸结合转录因子活性，M2. 催化活性，M3. 结合，M4. 电子载体活性；B1. 复制，B2. 代谢过程，B3. 细胞过程，B4. 生殖过程，B5. 信号，B6. 多细胞有机体过程，B7. 发育过程，B8. 生长，B9. 单一有机体过程，B10. 响应刺激，B11. 多有机体过程，B12. 生物调节，B13. 细胞组成组织起源

8.2.8　差异表达 miRNA 靶基因的 KEGG 分析

对 *yl* 株系中特异表达的 32 个 miRNA 的靶基因进行 KEGG 分类。结果表明（表 8-8），这些靶基因共参与 16 个代谢通路，主要包括内质网中蛋白质加工、玉米素生物合成、硫代谢、蛋白质运输和半乳糖代谢等通路。

表 8-8　*yl* 株系中特异表达 miRNA 靶基因 KEGG 注释分类统计

代谢通路	通路代码	靶基因数/个
内质网中蛋白质加工	K04141	2
玉米素生物合成	K00908	1
硫代谢	K00920	1
蛋白质运输	K03060	1
半乳糖代谢	K00052	1
磷酸戊糖途径	K00030	1
果糖和甘露糖代谢	K00051	1
RNA 降解	K03018	1
吞噬	K04145	1
糖酵解/糖异生	K00010	1
泛素介导的蛋白质水解	K04120	1
嘌呤代谢	K00230	1
氨基酸生物合成	K01230	1
碳代谢	K01200	1
单环内酰胺生物合成	K00261	1
有机含硒化合物新陈代谢	K00450	1

8.2.9　转录组数据验证

为了验证测序结果的可靠性，我们随机挑选 9 个靶基因进行 qRT-PCR 分析。植物总 RNA 提取试剂盒（北京百泰克生物技术有限公司）被用于 WT、C11 和 *yl* 3 个无性系叶片总 mRNA 的提取。使用 ReverTre Ace$^®$qPCR RT Kit（Toyobo，Osaka，Japan）试剂盒将提取的总 mRNA 进行反转录。10 倍稀释倍数的反转录产物用作 qRT-PCR 的模板。以 *18S rRNA* 作为内参基因，我们采用 $2^{-\Delta\Delta Ct}$ 公式计算靶基因的相对表达量。靶基因验证的引物序列见表 8-9。结果表明，靶基因的相对表达量与转录组测序结果趋势基本一致（图 8-6），进而说明测序结果的可靠性。

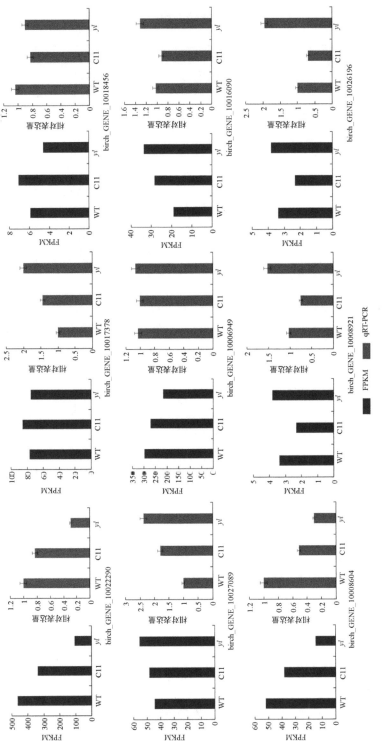

图 8-6　靶基因 FPKM 和相对表达量

表 8-9 qRT-PCR 引物序列

基因 ID	上游引物（5'-3'）	下游引物（5'-3'）
18S rRNA	GAGGTAGCTTCGGGCGCAACT	GCAGGTTAGCGAAATGCGATAC
birch_GENE_10022290	GTCATCCTAATGGGTGCCGT	TGAGCTCCTTCACCTTGAGC
birch_GENE_10017378	CGGCCAATACAACCCTGCTA	CCACAGTCTCGATGTCTCCG
birch_GENE_10018456	GTGGACCTCTCTTTCCTCCTAAA	GGAGGTCGACTTACAGGTTCTC
birch_GENE_10027089	AGTGCGAGAAAGTGTGGGAAT	GAGCGTTGCTGTACTCATCAC
birch_GENE_10006949	TCCCTCAGACTCAGACTCGC	GGCGTCGAGAGTGTTGTTGG
birch_GENE_10016090	CCGAACCCGAACCCGAAT	GCGACCAACTCATCATCCGT
birch_GENE_10008604	GCACCTTGATGGCCAATTCC	CACGGTTGTCGTAGGCTTCA
birch_GENE_10008921	GCTCACTACGGTCCCTTCTG	TTGTCGGCTACGACTCGAAC
birch_GENE_10026196	CGCGAGACCGTAAATCTGGT	TGTTATGCAAAGAGACTTCAGCTT

8.3 白桦金叶突变株 mRNA 差异表达特性

8.3.1 测序质量分析

利用提取的 WT、C11 和 *yl* 株系叶片总 RNA 构建 cDNA 文库。过滤掉质量低的数据、测序接头和引物序列后，分别获得 27 443 500 个、29 617 318 个和 35 568 380 个 clean reads（表 8-10）。GC 含量分布为 46.35%、46.07% 和 46.43%。测序的碱基质量越高说明碱基识别的可靠性越高，错误率也就越小。质量值为 Q30 代表 1‰ 的碱基错误率，而各样品的 Q30 碱基百分比不小于 91.26%。

表 8-10 样品测序质量

样品	clean reads 数/个	base 数/个	GC 含量/%	≥Q30/%
WT	27 443 500	3 457 294 280	46.35	91.26
C11	29 617 318	3 731 077 174	46.07	91.32
yl	35 568 380	4 480 707 109	46.43	91.27

8.3.2 clean reads 与参考基因组比对分析

使用 TopHat2 软件将 clean reads 与白桦参考基因组数据库比对。WT、C11、*yl* 株系分别有 22 584 972 个、24 347 166 个和 29 379 146 个 clean reads 比对到参考基因组的唯一位点，比对效率分别达到 82.30%、82.21% 和 82.60%。基因结构的优化，是根据基因非翻译区域上连续的 mapped reads 覆盖，而将基因的向上下游两端延伸，共修正了 9742 个基因的边界。

此外，在使用 Cufflinks 软件基于白桦参考基因组序列拼接 mapped reads 时，除了与原始基因组的注释信息进行比较外，挖掘出先前未被注释的转录区，找到可能存在的新转录本和基因，共发掘出 876 个新基因。使用 BLAST 软件将这些新基因分别与 Swiss-Prot、GO、COG、KOG、KEGG、Pfam 和 NR 数据库进行比对，获得注释信息（表 8-11）。

表 8-11　各数据库注释的新基因数量统计　　　　　　（单位：个）

注释数据库	COG 数据库	GO 数据库	KEGG 数据库	Swiss-Prot 数据库	NR 数据库	新基因总数
新基因数量	200	626	33	577	874	876

8.3.3　差异表达基因分析

以 FC≥2 且 FDR<0.01 为筛选标准，筛选出差异表达基因。分析得到 2 个差异表达基因集，C11_vs_*yl* 和 WT_vs_*yl*。结果显示，C11_vs_*yl* 和 WT_vs_*yl* 2 个比较组有着相似数量的差异基因。*yl* 株系与 C11 株系相比，共有 1163 个差异表达基因，包括 874 个基因下调表达，289 个基因上调表达。与 WT 株系相比，在 *yl* 株系中共检测到 930 个差异表达基因，有 755 个基因下调表达，175 个基因上调表达（图 8-7A）。

将 C11_vs_*yl* 和 WT_vs_*yl* 的差异基因根据 GO 分类中的生物学过程，细胞组分和分子功能三大类进行功能分类。根据生物学过程将 DEGs 共分为 20 类，其中富集最多的是细胞过程（cellular process）、单一有机体过程（single-organism process）和代谢过程（metabolic process）。在细胞组分亚类中，参与细胞（cell）、细胞部分（cell part）和细胞器（organelle）组分的差异表达基因是最多的。分子功能亚类中，大多数的差异表达基因参与结合（binding）和催化活性（catalytic activity），如图 8-7B 所示。

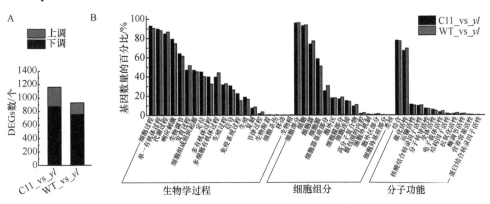

图 8-7　GO 功能分析差异表达基因

A. 样品间上调和下调差异表达基因数量；B. C11_vs_*yl* 和 WT_vs_*yl* 的差异表达基因 GO 功能富集

8.3.4 差异基因的代谢途径

为了研究差异基因涉及的代谢途径，通过 KEGG 数据库对差异基因进行 Pathway 富集分析，发现 *yl* 株系与 C11 和 WT 株系间的差异基因分别富集到了 81 个和 85 个代谢途径中，图 8-8 呈现了 Q 值最低的 20 个途径，可以发现其中光合作用-天线蛋白（photosynthesis-antenna proteins）和苯丙氨酸代谢（phenylalanine metabolism）这 2 个途径在 C11_vs_*yl* 和 WT_vs_*yl* 中都是显著富集（*P*<0.05），而光合作用-天线蛋白途径在这 2 组差异基因富集中均是最显著的（图 8-8）。

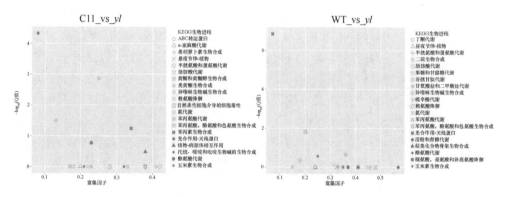

图 8-8 C11_vs_*yl* 和 WT_vs_*yl* 差异表达基因的 KEGG 富集分析

进一步对白桦基因组中捕光天线蛋白途径的基因进行分析发现，在白桦中共检测到 21 个捕光复合体相关基因。其中，有 6 个捕光复合体基因在所有样品中表达量都较低或不可检测到。而与对照株系相比，有 7 个捕光复合体基因在 *yl* 株系中表达量发生了变化，包括 1 个参与光系统 I 的捕光叶绿素 a/b 结合蛋白 Lhca3 的 Bpev01.c0243.g0056.m0001 基因，3 个参与捕光叶绿素 a/b 结合蛋白 Lhcb1 的 Bpev01.c0362.g0012.m0001、Bpev01.c0264.g0036.m0001 和 Bpev01.c1767.g0010.m0001 基因和 1 个参与光系统 II（PSII）捕光叶绿素 a/b 结合蛋白 Lhcb2 的 Bpev01.c1040.g0049.m0001 基因在 *yl* 株系中呈显著下调表达，2 个参与光系统 II 的捕光叶绿素 a/b 结合蛋白 Lhcb4 的 Bpev01.c0190.g0044.m0001 和 Bpev01.c0841.g0007.m0001 基因，其中 Bpev01.c0190.g0044.m0001 基因在 *yl* 株系中表达量下调，Bpev01.c0841.g0007.m0001 基因在 *yl* 株系中的表达量上调。这些结果表明，*yl* 株系中天线蛋白-捕光复合体表达量的变化对于其独特表型的形成是至关重要的（图 8-9）。

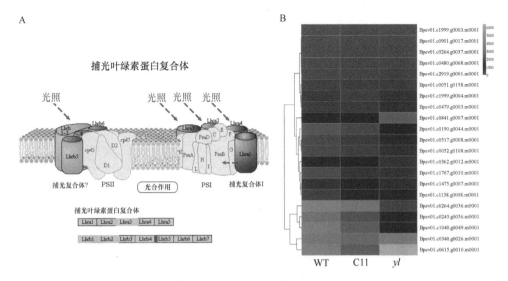

图 8-9　差异基因代谢途径分析

A. 捕光叶绿素结合蛋白复合体途径中差异表达基因示意图；B. 白桦中叶绿素结合蛋白基因在 WT、C11 和 *yl* 株系中的相对表达量热图

8.3.5　qRT-PCR 验证转录组测序

为了对转录组测序结果进行验证，使用 qRT-PCR 方法，选择了 12 个功能重要且具代表性的基因，包括 2 个表达量没有发生变化的基因：Bpev01.c0080.g0006.m0001、Bpev01.c0577.g0002.m0001，5 个下调表达的基因：Bpev01.c0167.g0013.m0001、Bpev01.c0243.g0056.m0001、Bpev01.c0264.g0036.m0001、Bpev01.c1040.g0049.m0001、Bpev01.c0190.g0044.m0001 和 5 个上调表达的基因：Bpev01.c0621.g0012.m0001、Bpev01.c0984.g0005.m0001、Bpev01.c0401.g0006.m0001、Bpev01.c0894.g0003.m0001、Bpev01.c1891.g0003.m0001，引物见表 8-12。qRT-PCR 结果显示，这些基因的表达趋势与转录组测序结果一致，说明转录组测序的结果是可信的（图 8-10）。

表 8-12　基因定量引物序列

基因 ID	上游引物（5'-3'）	下游引物（5'-3'）
Bpev01.c0080.g0006.m0001	GGCTCAATCCAGCATGGTTGC	CCACACCTGCATGCATTGCAC
Bpev01.c0577.g0002.m0001	CGTTCATGGTGGACCTGAGCC	AGCTAAAGTGAGGGACTTTGTCGAT
Bpev01.c0167.g0013.m0001	CACAACATAGCCAGCCACCTTC	GTCGGTGCTACCCAAGGACTC
Bpev01.c0243.g0056.m0001	CAACGGACGTTATGCCATGTTGG	TCCCAGCCGGCGGAATTAC
Bpev01.c0264.g0036.m0001	CGGTGAGGCCGTGTGGTT	CGCCCATCAGGATGACCTGT
Bpev01.c1040.g0049.m0001	CCCGAGACATTTGCCAAGAACC	GCCTTGAACCAGACTGCCTCTC

续表

基因 ID	上游引物（5'-3'）	下游引物（5'-3'）
Bpev01.c0190.g0044.m0001	CTTGGCCGGCGATGTGATC	GCCAACATGGCCCACCTC
Bpev01.c0621.g0012.m0001	GCAATAGGCCTTGCCTCCTTCATAG	CGAGTACCCGTCTTCTCATTCGC
Bpev01.c0984.g0005.m0001	GGGAGACTAAGGTACAAGCAGTGG	CCAGCTGCTCAATTGCTTCAGAG
Bpev01.c0401.g0006.m0001	GGGAAGGCAAGGCTAGTGCAG	GCCTTCAACAGCAAGGCAAGT
Bpev01.c0894.g0003.m0001	CCTCCAACAGGGAGTGGCAAC	CTGTCAATCATCCCAGAACAGCTTG
Bpev01.c1891.g0003.m0001	GGCGTTCCGTATATGAGCCTCTTC	GGCTACTGCTGTTTTACCGGTCT

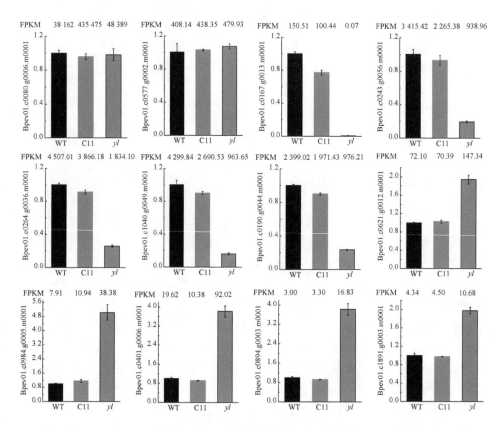

图 8-10　qRT-PCR 验证 RNA-seq 结果

此外，发现 Bpev01.c0167.g0013.m0001 基因被注释为 *GLK1* 基因，报道称该基因与植物的叶绿体发育相关，转录组结果显示，该基因的表达量在 *yl* 株系中几乎检测不到，同样定量结果也显示该基因在 *yl* 株系中的表达量约是 WT 和 C11 株系的 0.7% 和 0.9%。

8.3.6　黄叶表型相关的突变基因表达量分析

黄叶突变体的分子机制较为复杂。与叶绿体发育，光合色素合成，叶绿体蛋白转运及光敏色素调控受阻都可能会引起黄化。研究发现，一些基因如细胞分裂素应答的 GATA 转录因子基因，*Cga1*；叶绿体 Hsp100 分子伴侣基因，*ClpC1*；叶绿体信号识别颗粒 43 kDa 蛋白基因，*cpSRP43*；叶绿体信号识别颗粒亚基 54 kDa 蛋白基因，*cpSRP54*；金属-β-内酰胺酶-三螺旋嵌合体基因，*GRY79*；CCAAT 盒结合蛋白 HAP 亚基基因，*HAP3A*；NADPH 依赖性硫氧还蛋白还原酶 C 基因，*NTRC*；脱镁叶绿酸 a 加氧酶基因，*SGR*；YbeY 内切核糖核酸酶基因，*YbeY*。然而，转录组的结果显示，*yl* 株系中这些基因的表达量均没有发生变化（表 8-13）。

表 8-13　一些叶色相关基因在 *yl* 株系转录水平的表达量变化

基因名称	基因 ID	C11 和 WT_vs *yl*	突变体表型
Cga1	Bpev01.c0051.g0036.m0001	normal	黄色叶片
ClpC1	Bpev01.c1202.g0038.m0001	normal	黄色叶片
cpSRP43	Bpev01.c1171.g0012.m0001	normal	黄绿色叶片
cpSRP54	Bpev01.c1238.g0002.m0001	normal	黄绿色叶片
GRY79	Bpev01.c0787.g0006.m0001	normal	黄绿色叶片
HAP3A	Bpev01.c0288.g0025.m0001	normal	淡绿色叶片
NTRC	Bpev01.c0029.g0129.m0001	normal	黄绿色叶片
SGR	Bpev01.c0717.g0015.m0001	normal	滞绿
YbeY	Bpev01.c1489.g0003.m0001	normal	淡绿色叶片

8.4　小　　结

近年来，lncRNA 被认为是基因表达调控的关键因子，在植物生长发育、春化作用、光形态建成、生长素运输和非生物胁迫反应等方面均发挥重要作用（Dai et al.，2007）。目前，有关 lncRNA 的科学报道仍局限在模式植物和草本植物中，木本植物中的研究相对匮乏。本研究中，与 2 个对照株系相比，共有 53 个 lncRNA 在 *yl* 株系中特异表达并调控大量的靶基因。KEGG 分析表明这些靶基因参与 38 个代谢通路，其中 11 个靶基因参与淀粉和蔗糖代谢通路，3 个靶基因参与卟啉和叶绿素代谢通路，2 个靶基因参与类胡萝卜素生物合成通路和 2 个靶基因参与光合作用通路，这些通路的改变可能与叶色参数、光合色素含量和光合参数的改变直接相关。

miRNA 在植物生长发育、激素信号传导，以及对逆境胁迫等生物过程中起着重要的调控作用（Jones-Rhoades et al., 2006）。例如，番茄的 sRNA 测序与分析发现 miR156 和 miR172 能够分别调控 *CNR* 和 *AP2* 基因来调控番茄果实发育（Karlova et al., 2013）。水稻 miR397 的表达会影响其籽粒大小，miR396 可调控水稻的株型（Zhang et al., 2013；Tang et al., 2018）。本研究进行参试株系 miRNA 的测序分析发现 miRNA 在 *yl* 和 2 个对照株系中差异表达，差异表达 miRNA 靶基因参与玉米素生物合成、硫代谢和蛋白质运输等通路。

本章中 WT、C11 和 *yl* 株系 lncRNA、miRNA 及 mRNA 测序的数据及文库经过评估和检测均达到要求，且 qRT-PCR 验证结果与转录组结果基本相符，证明了测序的可靠性。

lncRNA 测序共鉴定出 2187 个 lncRNA。lncRNA 表达水平表明，*yl* 与 2 个对照株系相比发生了明显的变化。与 WT 株系相比，132 个 lncRNA 在 *yl* 株系中差异表达（77 个上调表达基因，55 个下调表达基因）。与 WT 株系相比，137 个 lncRNA 在 C11 株系中差异表达（88 个上调表达，49 个下调表达）。与 C11 株系相比，160 个 lncRNA 在 *yl* 株系中差异表达（69 个上调表达，91 个下调表达）。维恩图显示有 53 个 lncRNA 在 WT_vs_*yl* 和 C11_vs_*yl* 中共同差异表达，其靶基因 KEGG 分类结果表明，这些靶基因共参与到 38 个代谢通路，主要包括次生代谢物生物合成、嘌呤代谢、柠檬酸循环、戊糖和葡萄糖醛酸的相互转化等通路。

miRNA 测序共获得 274 个 miRNA，miRNA 长度是以 21 nt 最多。*yl* 株系与 2 个对照株系相比在 miRNA 表达水平发生了明显的变化。与 WT 株系相比，104 个 miRNA 在 *yl* 株系中差异表达（12 个上调表达，92 个下调表达）。与 WT 株系相比，48 个 miRNA 在 C11 株系中差异表达（9 个上调表达，39 个下调表达）。与 C11 株系相比，58 个 miRNA 在 *yl* 株系中差异表达（12 个上调表达，46 个下调表达）。维恩图显示有 32 个 miRNA 在 WT_vs_*yl* 和 C11_vs_*yl* 中共同差异表达，其靶基因 KEGG 分类结果表明，这些靶基因共参与 16 个代谢通路，主要包括内质网中蛋白加工、玉米素生物合成、硫代谢、蛋白质运输和半乳糖代谢等通路。

对 WT、C11 及 *yl* 株系的第 4 叶功能叶片进行 mRNA 测序，分别获得了 27 443 500 个、29 617 318 个和 35 568 380 个 clean reads。与 WT 株系相比，*yl* 株系中有 930 个差异表达基因（755 个下调表达，175 个上调表达），而与 C11 株系相比，*yl* 株系中有 1163 个差异表达基因（874 个下调表达，289 个上调表达）。差异表达基因的 KEGG 富集结果表明，与光合作用捕光色素蛋白复合体途径相关的差异基因富集最显著。说明 *yl* 株系的表型与该代谢通路基因的表达密切相关。

第三篇
突变基因克隆及金叶桦的创制研究

第9章 白桦金叶突变株 T-DNA 插入位点鉴定

yl 株系是由于农杆菌介导的 T-DNA 插入到白桦基因组中,某个基因被破坏而获得的。T-DNA 作为插入标签能更方便找到插入位点的侧翼序列,从而分析插入突变基因的功能。研究表明,通过 T-DNA 插入突变体的表型鉴定植物基因功能,是研究基因功能最直接有效的方法之一。目前,检测外源基因插入位点的方法有很多,如 TAIL-PCR(thermal asymmetric interlaced PCR)(刘玲等,2013)、反向 PCR(Stefano et al.,2016)、接头 PCR(O'Malley et al.,2007)、质粒拯救法(Kemppainen et al.,2008)等。其中,TAIL-PCR 是用来扩增 T-DNA 插入位点侧翼序列的经典方法。该技术起初是由 Liu 等(1995)研究用于酵母人工染色体 YAC 插入片段扩增和 P1 克隆的,后来用于分离已知序列周围的未知 DNA 序列。其原理是利用待克隆目标序列相邻的已知序列设计 3 个嵌套的特异引物,用这 3 个引物分别与 1 个 Tm 值较低、序列较短的简并引物组合进行热不对称 PCR 反应。

TAIL-PCR 自提出到如今已被广泛地用于研究功能基因组学,尤其是一些植物 T-DNA 插入突变体库侧翼序列的分离。例如,水稻(Zhang et al.,2006b)、拟南芥(李志遐等,2005)、烟草(刘慧等,2014)等突变体库都是采用 TAIL-PCR 的方法扩增的侧翼序列。此外,许多植物的 T-DNA 插入突变株也是利用此方法找到的突变基因(Yu et al.,2012)。

随着测序技术的迅速发展,新的测序技术以通量高、速度快、准确性高及成本低等优点被广泛应用于动物、植物及微生物的全基因组测序(Cao et al.,2011)、基因组重测序(Burgos et al.,2014)、转录组测序、miRNA 和 lncRNA 测序等方面,因此,利用重测序技术寻找突变体 T-DNA 插入位点也成为一种新的研究思路。本章以 *yl* 株系为试材,采用基因组重测序结合 TAIL-PCR 技术寻找 T-DNA 插入位点,并对侧翼序列进行分析,明确突变基因,为后续研究基因功能提供依据。

9.1 Southern 技术确定 T-DNA 插入位点数目

首先,采用地高辛结合 PCR 的方法标记探针,以 35S-F 和 35S-R 为引物对 35S 启动子的部分序列进行扩增,跨度为 428 bp。电泳结果显示,用地高辛标记的探针比正常 PCR 产物跑得慢,表明探针标记成功(图 9-1A)。分别采用 *Hind*III 限制性内切酶对 WT 和 *yl* 株系基因组 DNA 进行酶切,电泳结果显示,2 个基因组 DNA 均呈现弥散条带，说明酶切的效果较好，可以用于后续实验（图 9-1B）。用标记的探针与上述酶切产物进行 Southern 杂交，由图 9-1C 可见杂交呈现 5 个阳性谱带，表明 *yl* 株系基因组中可能有 5 个 T-DNA 插入位点。

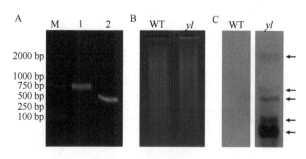

图 9-1　Southern 杂交

A. 探针标记电泳图谱：M. DNA Marker DL2000，1. 地高辛标记探针，2. 未用地高辛标记的 PCR 结果；
B. WT 及 *yl* 株系基因组 DNA 酶切结果；C. Southern 杂交结果

9.2　TAIL-PCR 技术克隆插入位点侧翼序列

采用 TAIL-PCR 扩增 T-DNA 插入位点的侧翼序列，以 *yl* 总 DNA 为模板，分别以左边界特异引物 LP1、LP2、LP3、2-LP1、2-LP2、2-LP3 及右边界特异引物 RP1、RP2、RP3、2-RP1、2-RP2、2-RP3 与简并引物 AP1、AP2、AP3、AP4、AD1、AD2、AD3、AD4、AD5、AD6 进行 3 轮 PCR，将第 3 轮 PCR 产物电泳图谱中的单一亮带进行胶回收，再将胶回收产物连接 T 载体后测序，结果显示：利用左边界引物扩增得到的序列全部是载体序列，未扩增到基因组序列。在右边界引物扩增获得的序列中，AD5 与 RP3 作为引物和 AP1 与 2-RP3 作为引物的 PCR 产物可以同时比对到基因组和 pGWB2 载体（图 9-2）。

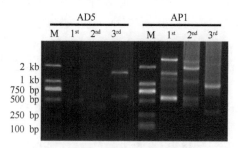

图 9-2　TAIL-PCR 扩增电泳图谱

M. DNA Marker DL2000；AD5 代表 3 轮 PCR 分别是以 AD5 与 RP1，AD5 与 RP2，
AD5 与 RP3 作为引物的 PCR；AP1 代表 3 轮 PCR 分别是以 AP1 与 2-RP1，AP1 与 2-RP2，
AP1 与 2-RP3 作为引物的 PCR；1st. 第一轮 PCR；2nd. 第二轮 PCR；3rd. 第 3 轮 PCR

其中 AD5 和 RP3 为引物的 PCR 获得的序列，去除 pGEM-T 载体序列，剩余序列 1495 bp，进行序列比对发现，其中下划线部分是 pGWB2 载体序列，斜体部分是引物 RP3 序列，其余序列为扩增获得的白桦基因组序列，与白桦参考基因组（https://genomevolution.org/CoGe/GenomeInfo.pl?gid=35080）比对，显示插入位点位于基因组 Chr9 上的 1 671 992 位点。

AGATCATGGCAATGGATCCGAGGACCCAAAATTGTTGGACAGTCTAATTCCTTTGCA
GCTATGCCTAAGAAATCCAGTCTCGAAAATTCTGAGAATGACTTTGCACGCCTAAGGT
CACTATCAGCTAGCAAATATTTCTTGTCAAAAATGCTCCACTGACGTTCCATAAATTCCCCT
CGGTATCCAATTAGAGTCTCATATTCACTCTCAATCCAAATAATCTGCACCGGATCTGGATC
GCTTCGCATGATTGAACAAGATGGATTGCACGCAGGTTCTCCGGCCGCTTGGGTGGAGAG
GCTATTCGGCTATGACTGGGCACAACAGACAATCGGCTGCTCTGATGCCGCCGTGTTCCGG
CTGTCAGCGCAGGGGCGCCCGGTTCTTTTTGTCAAGACCGACCTGTCCGGTGCCCTGAAT
GAACTGCAGGACGAGGCAGCGCGGCTATCGTGGCTGGCCACGACGGGCGTTCCTTGCGC
AGCTGTGCTCGACGTTGTCACTGAAGCGGGAAGGGACTGGCTGCTATTGGGCGAAGTGC
CGGGGCAGGATCTCCTGTCATCTCACCTTGCTCCTGCCGAGAAAGTATCCATCATGGCTGA
TGCAATGCGGCGGCTGCATACGCTTGATCCGGGCTACCTGCCCATTCGACCACCAAGCGA
AACATCGCATCGAGCGAGCACGTACTCGGATGGAAGCCGGTCTTGTCGATCAGGATGATC
TGGACGAAGAGCATCAGGGGCTCGCGCCAGCCGAACTGTTCGCCAGGCTCAAGGCGCGC
ATGCCCGACGGCGATGATCTCGTCGTGACCCATGGCGATGCCTGCTTGCCGAATATCATGG
TGGAAAATGGCCGCTTTTCTGGATTCATCGACTGTGGCCGGCTGGGTGTGGCGGACCGCT
ATCAGGACATAGCGTTGGCTACCCGTGATATTGCTGAAGAGCTTGGCGGCGAATGGGCTG
ACCGCTTCCTCGTGCTTTACGGTATCGCCGCTCCCGATTCGCAGCGCATCGCCTTCTATCGC
CTTCTTGACGAGTTCTTCTGAGCGGGACTCTGGGGTTCGAAATGACCGACCAAGCGACGC
CCAACCTGCCATCACGAGATTTCGATTCCACCGCCGCCTTCTATGAAAGGTTGGGCTTCGG
AATCGTTTTCCGGGACGCCGGCTGGATGATCCTCCAGCGCGGGGATCTCATGCTGGAGTTC
TTCGCCCACGGGATCTCTGCGGAACAGGCGGTCGAAGGTGCCGATATCATTACGACAGCA
ACGGCCGACAAGCACAACGCCACGATCCTGAGCGACAATATGATCGGGCCCGGCGTCCAC
ATCAACGGCGTCGGCGGCGACTGCCCAGGCAAGACCGAGATGCACCGCGATATCTTGCTG
CGTTCGGATATTTTCGTGGAGTTCCCGCCACAGACCCGGATGATCCCCGATCGTTCAAACA
TTTGGCAATAAAGTTTCTTAAGATTGAA*TCCTGTTGCCGGTCTTGCGATGA*

以 AP1 和 2-RP3 为引物的 PCR 获得的序列，去除 pGEM-T 载体序列，剩余序列 871 bp，进行序列比对发现，其中下划线部分是 pGWB2 载体序列，斜体部分是引物 2-RP3 序列，将其余序列与白桦基因组比对，发现序列整合到白桦基因组 Chr11 的 9 184 715 位点。

GAGTAAATAGCTCGGACTCGGACAGACCTCGAATTCTAAAACTAAAAGCTCAGTTCC
CTTCAGTCTCCCCACATTTTCTTAGCAACCAAACAGAAATCAAACACAGAAAAACAA
CAAGCAAGGAAAAGAGGAGACCGGAGAGGAGCGAACCTCGAACTCGGCAGACCT
CATCGCGATGGGGATGCAGATGAGGAAGACACCGGCCATGGCAATGGCGGTGTTGA
GGCGCCAGTGCTTGGGCCGCCCGTCATCCTCCACACCTTGGCCCGAAAAAAATATGA
TCTGCTCCCCCCCATGGATTGCTATTGCTTTTTCTCTCACTTTCTCTGGTCTTCACCA
GCAACCAAAAACCCAATTAGCAGATATGAATCGCTATGCGTATTCGGGTAGGTAGATA
TGGGATGTGTAAGTTGTGAACCAAGGGTAGGGATAAGGTGGATGTGCTGAATTACAA
AAACACCCTCCAAGCTAAGTAAACACTGATAGTTTAAACTGAAGGCGGGAAACGACAA

TCTGATCATGAGCGGAGAATTAAGGGAGTCACGTTATGACCCCCGCCGATGACGCGGGAC
AAGCCGTTTTACGTTTGGAACTGACAGAACCGCAACGTTGAAGGAGCCACTCAGCCGCG
GGTTTCTGGAGTTTAATGAGCTAAGCACATACGTCAGAAACCATTATTGCGCGTTCAAAAG
TCGCCTAAGGTCACTATCAGCCAGCAAATATTTCTTGTCAAAAATGCTCCACTGACGTTCC
ATAAATTCCCCTCGGTATCCAATTAGAGTCTCATATTCACTCTCAATCCAAATAATCTGCACC
GGATCTGGATCGTTTCGCATGATTGAACAAGA*TGGATTGCACGCAGGTTCTCCG*

9.3　NGS 基因组重测序分析 T-DNA 插入位点

由于通过 TAIL-PCR 仅发现了 2 个 T-DNA 插入位点，而 Southern 杂交的结果显示可能存在 5 个插入位点，因此为了准确确定所有的插入位点，对 *yl* 株系基因组进行重测序。

9.3.1　重测序质量

NGS 获得的原始 reads，经过滤分别得到 28 Gbp 的 clean reads。Q30 达到 85%，测序深度约为 32×，说明测序的质量较好，满足后续实验要求。

9.3.2　T-DNA 插入位点确定

首先提取能与 pGWB2-BpCCR1 载体比对上的 reads，将这些 reads 再与白桦基因组进行比对，定位其在基因组的位置。比对结果显示，在 *yl* 株系基因组中共检测到 6 个 T-DNA 插入位点，分别命名为（IS1～IS6），IS1 位于 Chr2 的 23 466 399 位点，IS2 位于 Chr2 的 26 269 259 位点，IS3 位于 Chr8 的 5 168 622 位点，IS4 位于 Chr8 的 17 725 909 位点，IS5 位于 Chr9 的 1 671 992 位点，IS6 位于 Chr11 的 9 184 715 位点。

9.4　PCR 验证 T-DNA 插入位点

根据重测序获得的基因组与载体交界的序列信息设计引物，通过 PCR 扩增技术对重测序检测到的 IS1～IS6 6 个插入位点进行检测。结果显示，除 IS1 外其他插入位点都可以在 *yl* 株系中扩增获得阳性谱带（图 9-3），进而将 PCR 产物进行测序，测序结果见附表 1。比对分析显示，扩增序列可以同时比对到基因组和 pGWB2 载体上。进一步分析发现除 IS2 外，整合位点的野生型序列都可以扩增出来，这说明 T-DNA 的整合是杂合的。

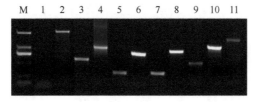

图 9-3　插入位点验证 PCR 扩增电泳图谱

M. DNA Marker DL2000；1. IS2 野生型位点（引物 IS2-F，IS2-R）；2. IS2（引物 P7033，IS2-F）；3. IS3 野生型位点（引物 IS3-F，IS3-R1）；4. IS3（引物 P7548，IS3-R2）；5. IS4 野生型位点（引物 IS4-F，IS4-R）；6. IS4（引物 P5309，IS4-R）；7. IS5 野生型位点（引物 IS5-F，IS5-R）；8. IS5（引物 P3054，IS5-F）；9. IS6 野生型位点（引物 IS6-F，IS6-R1）；10. IS6 右边界（引物 P3054，IS6-F）；11. IS6 左边界（引物 P9679，IS6-R2）

9.5　T-DNA 插入位点侧翼序列分析

对重测序获得的 6 个插入位点侧翼序列进行分析发现，在 IS1、IS2、IS4 和 IS6 插入位点上下游 5 kb 范围内没有检测到基因，而 IS3 插入到 *BpPAL2*（Bpev01.c0990.g0002.m0001）基因的上游 885 bp 位点，IS5 插入到 *BpSMT2*（Bpev01.c0577.g0001.m0001）基因的下游 2386 bp 位点和 *BpCDSP32*（Bpev01.c0577.g0002.m0001）基因的上游 1674 bp 位点（表 9-1）。

表 9-1　插入位点邻近基因（<5 kb）

IS	IS 定位	邻近基因（<5kb）	邻近基因定位
IS1	Chr2，23 466 399	—	—
IS2	Chr2，26 269 259	—	—
IS3	Chr8，5 168 622	Bpev01.c0990.g0002.m0001（*BpPAL2*）	Chr8，5 169 507~5 172 340，+
IS4	Chr8，17 725 909	—	—
IS5	Chr9，1 671 992	Bpev01.c0577.g0001.m0001（*BpSMT2*） Bpev01.c0577.g0002.m0001（*BpCDSP32*）	Chr9，1 668 524~1 669 606，+ Chr9，1 673 666~1 674 562，+
IS6	Chr11，9 184 715	—	—

9.6　插入位点邻近基因的表达量分析

为了检测 T-DNA 的插入是否对上述 3 个邻近基因的表达量产生影响，采用 qRT-PCR 对 *yl*、C11（对照 1）、WT（对照 2）株系叶片中 *BpPAL2* 基因、*BpSMT2* 基因和 *BpCDSP32* 基因的表达量进行分析。结果显示，*BpPAL2* 基因、*BpSMT2* 基因和 *BpCDSP32* 基因在 *yl* 株系叶片中的表达量与 WT 和 C11 株系均没有明显差异（图 9-4）。

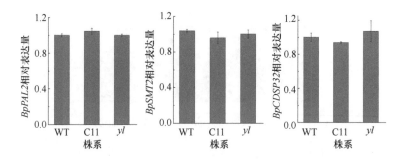

图 9-4 *BpPAL2*、*BpSMT2* 和 *BpCDSP32* 基因在 WT、C11 和 *yl* 株系叶片中的相对表达量

进一步对 *PAL2* 基因，*SMT2* 基因和 *CDSP32* 基因分析发现：*PAL2* 基因类苯基丙烷生物合成途径中的第一个酶，主要参与类黄酮、木质素、对称二苯代乙烯等化合物的生物合成（Jiang et al.，2013）；*SMT2* 基因是甾醇生物合成途径中的一个酶，参与调控细胞中甾醇的油菜素类甾醇含量水平（Carland et al.，2002）；而 *CDSP32* 基因编码一个叶绿体干旱胁迫诱导的硫氧还蛋白，参与响应质体抵抗氧化损伤（Rey et al.，2005）。

9.7 PacBio 测序确定白桦金叶突变株基因组中 T-DNA 整合模式

由于 *yl* 株系 qRT-PCR 分析显示，插入位点邻近的 3 个基因与对照株系无显著差异，尚不能确定上述基因是突变基因。因此，进一步采用 PacBio 测序再次对 *yl* 株系基因组中 T-DNA 整合进行分析。对 WT 和 *yl* 株系进行 Pacbio 测序，过滤掉低质量 reads，分别得到 16.7 Gbp 和 16.5 Gbp 的 clean reads。然后，将提取出可以同时比对到 pGWB2-*BpCCR1* 载体和参考基因组上的 reads 进行后续分析。

9.7.1 T-DNA 的整合引起白桦金叶突变株染色体发生易位

分析发现，T-DNA 的整合可引起 *yl* 株系基因组中发生染色体易位，涉及 3 个染色体（图 9-5）。即 T-DNA 整合时，Chr2 被分割成 Chr2-1、Chr2-2、Chr2-3、Chr2-4 和 Chr2-5 共 5 个片段；Chr8 被分割成 Chr8-1、Chr8-2 和 Chr8-3 共 3 个片段；Chr9 被分割成 Chr9-1 和 Chr9-2；Chr11 被分割成 Chr11-1 和 Chr11-2。T-DNA 整合后，只有 Chr11-1 和 Chr11-2 通过 T-DNA 重新连接起来，其他的染色体片段都产生了错误的连接。其中，Chr2-3 与 Chr8-2 通过 T-DNA 相连，Chr8-3 与 Chr9-2 通过 T-DNA 相连。另外发现，Chr2-4 与 Chr8-1 两个片段直接相连，中间没有 T-DNA 序列，Chr2 的断点 26 227 384 位点，Chr8 的断点位于 5 168 622 位点。此外，TB 位点上下游 5 kb 范围没有注释到基因。

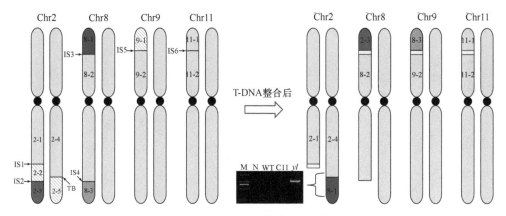

图 9-5　T-DNA 整合引起 *yl* 株系基因组发生染色体重排示意图

Chr2-3（红色）、Chr8-1（蓝色）和 Chr8-3（绿色）是发生易位的染色体片段；用斜条纹标记的 Chr2-2、Chr2-5 和 Chr9-1 是丢失的染色体片段；黄色片段代表 T-DNA；电泳图谱显示的是 Chr2-4 与 Chr8-1 直接相连的 PCR 验证；M. DNA Marker DL2000；N. 阴性对照（水）

另外，分析发现只有 Chr11-1 上的 IS6 位点是插入了一个完整的 T-DNA，并且该 T-DNA 的整合没有引起染色体易位。而有一些 T-DNA 它们彼此连接形成一个多重串联的 T-DNA（图 9-6）。理论上，pGWB2-*BpCCR1* 载体的 T-DNA 的左边界位于 10 509～10 524 位点，右边界位于 2454～2478 位点。然而，大多数的 T-DNA 并不是在左边界和右边界断开的。而通过 NGS 测序鉴定到的插入位点中，IS2 和 IS3 分别是一个多重串联 T-DNA 的两端，同样，IS4 和 IS5 分别是另一个多重串联 T-DNA 的两端。因此，这样多重串联 T-DNA 的整合引起 *yl* 株系基因组产生了染色体易位。Chr2-3（IS2）与 Chr8-2（IS3）之间是由 4 个 T-DNA 片段连接到一起的，分别是 9144～10 320、7240～2523、2467～7239 和 7919～7305 的 T-DNA 片段。Chr8-3（IS4）与 Chr9-2（IS5）之间是由 5 个 T-DNA 片段连接到一起的，分别是 9854～10 334、5396～2476、9014～10 354、10 404～8306、4099～7239 及 7919～2697 的 T-DNA 片段。理论上 pGWB2-*BpCCR1* 载体的 T-DNA 是一个 8031～8080 bp 的片段，而 *yl* 株系基因组中的 2 个多重串联 T-DNA 的长度分别是 11 279 bp 和 15 200 bp。因此，推测更长的 T-DNA 的整合可能会促进产生染色体易位，*yl* 株系基因组中的这 2 个多重串联 T-DNA 的整合可能是其染色体易位产生的主要原因。

9.7.2　PCR 验证 PacBio 测序的结果

为了验证 *yl* 株系基因组中发生的染色体易位和多个 T-DNA 片段串联的现象，

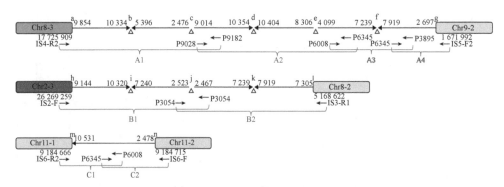

图 9-6　T-DNA 整合到 yl 株系基因组的新连接点及引物位置示意图

字母 a 到 n 代表 yl 株系基因组中的新连接点；数字代表基因组或 pGWB2 载体的位置

设计了一系列引物来扩增 Chr8-3 与 Chr9-2、Chr2-3 与 Chr8-2、Chr11-1 与 Chr11-2 及 Chr2-4 至 Chr8-1 直接的连接（图 9-6 和图 9-7）。首先尝试用相连接的 2 个染色体上的引物进行直接扩增，但由于片段较长，未能扩增出来。因此，将 Chr8-3 和 Chr9-2 相连接的序列分为 4 个片段，包括 A1、A2、A3 和 A4；将 Chr2-3 和 Chr8-2 相连接的序列分为 2 个片段，包括 B1 和 B2；将 Chr11-1 和 Chr11-2 相连接的序列分成 2 个片段，包括 C1 和 C2。如图 9-7 所示，yl 株系基因组中可以成功扩增出这些片段，而在 WT 和 C11 株系的基因组中却无法扩增出来。

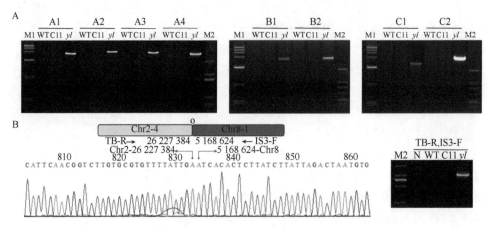

图 9-7　T-DNA 整合引起的 yl 株系基因组染色体易位 PCR 验证

A. PCR 产物的凝胶电泳图谱：M1. DNA Marker DL15000，M2. DNA Marker DL2000，A1. 以 IS4-R2 和 P9182 为引物，A2. 以 P9028 和 P6345 为引物，A3. 以 P6008 和 P3895 为引物，A4. 以 P6345 和 IS6-F 为引物，B1. 以 IS2-F 和 P3054 为引物，B2. 以 P3054 和 IS3-R1 为引物，C1. 以 IS6-R2 和 P6008 为引物，C2. 以 P6345 和 IS6-F 为引物；B. Chr2-4 和 Chr8-1 连接点的验证：字母 o 代表 yl 株系基因组中的 Chr2-4 与 Chr8-1 的连接点，凝胶电泳图谱是以 TB-R 和 IS3-F 为引物的 PCR 产物，N. 水对照

由于扩增出的序列含有较多的重复序列，不能直接进行测序。因此将上述扩增得到的片段进行纯化回收，并作为模板进行 PCR 反应。结果如图 9-8 所示，所

有由 T-DNA 整合引起的新连接点（连接点 a 到 n）均可以从 *yl* 株系基因组中扩增获得，而 WT 和 C11 株系未能扩增出条带。随后将 PCR 产物进行纯化及 Sanger 测序。比对发现，*yl* 株系基因组中所有的新连接与 PacBio 测序结果一致（图 9-7B 和图 9-9）。这也证实了 T-DNA 的整合诱导 *yl* 株系基因组发生染色体易位，同时也证明了 PacBio 测序结果的可靠性。

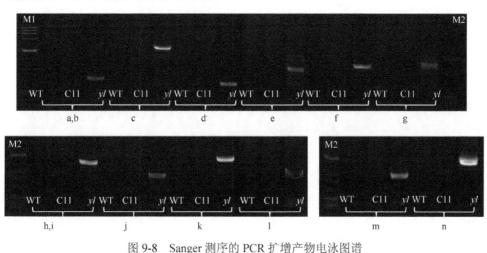

图 9-8　Sanger 测序的 PCR 扩增产物电泳图谱

字母 a~n 代表 *yl* 株系基因组中新的连接点：a，b. 以 IS4-R 和 P5309 为引物；c. 以 P10273 和 P9182 为引物；d. 以 P9925 和 P10361 为引物；e. 以 P8917 和 P4321 为引物；f. 以 P6008 和 P7464 为引物；g. 以 P3054 和 IS5-F 为引物；h，i. 以 IS2-F 和 P7033 为引物；j. 以 P3328 和 P2505 为引物；k. 以 P6008 和 IS3-R1 为引物；l. 以 P7548 和 IS3-R1 为引物；m. 以 IS6-F 和 P9925 为引物；n. 以 P3328 和 IS6-R2 为引物

进一步分析所有的新连接点发现，*yl* 株系基因组中 T-DNA 整合后的修复主要是符合非同源末端连接（NHEJ）模型。除了连接点 k 和 f，其他所有的连接点都是存在很少的微同源序列（4~7 bp）或两端没有微同源序列。连接点 a 和 j 分别插入了一段 22 bp 和 3 bp 的 DNA 填充序列。连接点 k 和 f 的两端显示存在 254 bp 的同源序列（图 9-9）。

9.7.3　T-DNA 的整合引起白桦金叶突变株染色体发生丢失

利用 PacBio 测序数据在分析 *yl* 株系中 T-DNA 具体整合情况时，并不能检测到 Chr9-1、Chr2-2 和 Chr2-5 这 3 个染色体片段新的连接位点，因此，推测这 3 个片段可能在 T-DNA 整合过程中发生丢失。为了验证该猜测，进一步对 Chr9-1、Chr2-2 和 Chr2-5 断点附近的 reads 覆盖度进行分析。结果发现，*yl* 株系基因组中 Chr9-1（18.6×）的测序深度约是 Chr9-2（28.4×）测序深度的一半，而 WT 株系中 Chr9-1 和 Chr9-2 的测序深度约为 35.6× 和 28.5×。由于白桦是二倍体植物，

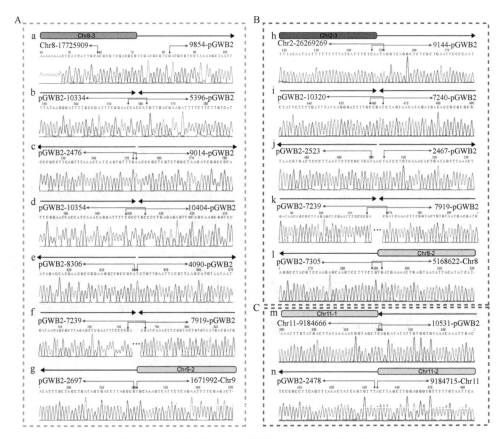

图 9-9　*yl* 株系基因组中新连接点的 Sanger 测序比对

字母 a～n 代表 *yl* 株系基因组中新的连接点；A. Chr8-3 与 Chr9-2 的连接；B. Chr2-3 与 Chr8-2 的连接；

C. Chr11-1 与 Chr11-2 的连接

这说明Chr9-1的一个同源染色体很可能是发生丢失，并且IGV的结果显示，Chr9-1是从 IS5 位点开始丢失的（图 9-10A）。而对 Chr2 的相对深度进行分析时发现，从 IS1 位点一直到染色体末端的相对深度出现减半（图 9-10C），这说明该区域变成单倍体。然后，将 TB 位点附近的 reads 提取后，分析发现 Chr2 上从 TB 至 IS2 的 40 kb 区域内没有 reads 覆盖（图 9-10B），说明该 40 kb 片段是纯合缺失。

为了验证这 40 kb 区域是否为纯合缺失，在该区域周围和内部共设计了 8 个引物包括 1F、1R、1R′、2F、2R、3F、3F′和 3R（图 9-11A）。其中，2 对引物 1F1R 和 3F3R 位于缺失区域外部。从图 9-11B 中可以看出，1F 至 1R 和 3F 至 3R 这 2 个区域均可以从 WT、C11 及 *yl* 株系的基因组中扩增出特异性条带，而 1F1R′ 和 3F′3R 这 2 对引物位于缺失区域的边界，只能从 WT 和 C11 株系的基因组中扩增出来。2F2R 这一对引物位于缺失区域的内部，同样在 WT 和 C11 株系的基因组中可以扩增出来，而不能从 *yl* 株系中扩增出特异性条带，这些结果说明从 TB 至

IS2 的 40 kb 序列在 *yl* 株系中是纯合缺失。

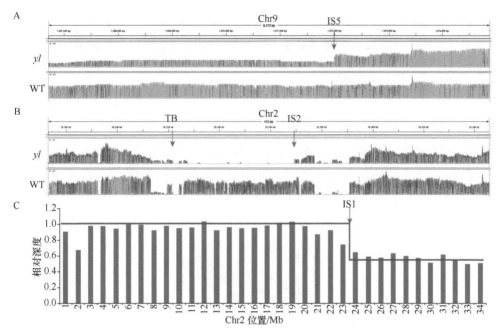

图 9-10　T-DNA 整合过程中染色体片段的丢失

A. *yl* 株系基因组 IS5 附近 reads 覆盖度的 IGV 可视化结果；B. *yl* 株系基因组 TB 和 IS2 附近 reads 覆盖度；
C. *yl* 株系相对于 WT 株系的 Chr2 相对深度（分辨率=1 Mb）

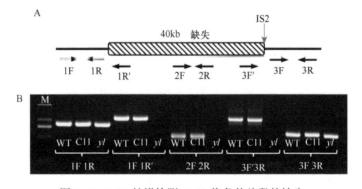

图 9-11　PCR 扩增检测 40 kb 染色体片段的缺失

A. 40 kb 区域附近的引物位置示意图；B. 40 kb 缺失序列 PCR 扩增电泳图谱；M. DNA Marker DL2000

9.8　白桦金叶突变株与野生型白桦杂交种子及子代生长发育特性

为了确定 40 kb 缺失区域是否与 *yl* 株系的金叶表型相关，首先采用杂交的方式，以野生型作为父本，突变株作为母本将缺失区域传递到 *yl* 株系的子代中，再对子代的表型进行观察。

9.8.1 白桦金叶突变株花粉活性分析

在开展杂交前，首先对 *yl* 株系的雄花序进行观察，从图 9-12 可以看出 *yl* 株系的雄花序明显比 WT 和 C11 株系小，并且不能正常散粉。随后采用 FDA 染色对 *yl* 株系花粉活性进行分析，结果显示 WT 和 C11 株系大部分花粉均可以发出绿色荧光信号，说明活力较高，而 *yl* 株系只有很少的花粉可以发出荧光信号，说明 *yl* 株系产生的花粉大部分活力较低。因此推测 *yl* 株系由于 T-DNA 插入导致的染色体易位、缺失等变异，可能对 *yl* 株系的减数分裂行为产生影响，从而使得其花粉活力降低。

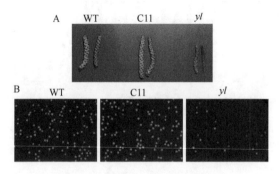

图 9-12 雄花序及花粉活性比较
A. WT、C11、*yl* 雄花序表型特征；B. WT、C11、*yl* 花粉活性染色

9.8.2 杂交种子千粒重和发芽率分析

分别对♀*yl* ×♂WT、C11 株系自由授粉、WT 株系自由授粉等 3 个家系的果序及种子大小进行观察，发现 *yl* × WT 杂交子代的果序和种子大小明显小于 2 个对照家系（图 9-13A）；*yl* × WT 杂交种子千粒重及发芽率均显著低于 2 个对照家系，其种子千粒重仅为 60 mg，发芽率仅为 1%（图 9-13B、C）。推测 *yl* 株系由于发生染色体易位，在形成配子时会引起分配不平衡的现象，从而导致配子育性降低。

9.8.3 白桦金叶突变株杂交子代缺失序列 PCR 检测

对 *yl* 株系杂交种子播种育苗，将获得的 *yl* × WT 的子代苗木移栽至花盆中，待苗高 40 cm 左右时，随机摘取 5 株苗木的叶片，以提取总 DNA 作为模板，分

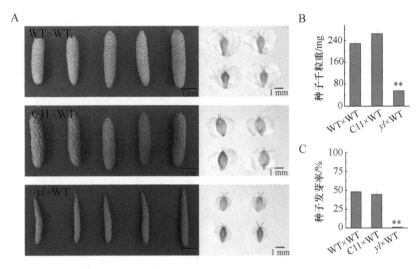

图 9-13　杂交种子表型特征、千粒重、发芽率测定

A. WT × WT、C11 × WT 和 *yl* × WT 的果穗和种子表型特征；B. WT × WT、C11 × WT 和 *yl* × WT 的种子千粒重；
C. WT × WT、C11 × WT 和 *yl* × WT 的种子发芽率；星号代表 *t* 检验 $P<0.01$

别以 1F 和 1R、1F 和 1R′、2F 和 2R、3F 和 3R、3F′和 3R 为引物进行 PCR 检测。结果如图 9-14A 所示，40 kb 缺失区域在 10 株杂交子代基因组中均呈现阳性谱带，说明 *yl* 株系杂交子代基因组中存在 40 kb 缺失区域，即 *yl* 株系与 WT 株系的有性杂交，WT 株系通过雄配子将缺失的 40 kb 导入到 *yl* 株系基因组中。

　　进而对 *yl* 株系杂交子代叶色进行观察发现，获得的 50 株子代苗木中其叶色均表现为与 WT 株系一致的绿色表型（图 9-14B）。叶绿素相对含量测定显示，*yl* 株系杂交子代与 WT 株系的叶绿素相对含量无显著差异（图 9-14C），杂交子代分析结果初步证明，40 kb 缺失区域可能与 *yl* 株系的金叶表型相关。

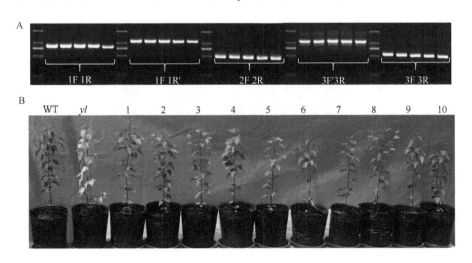

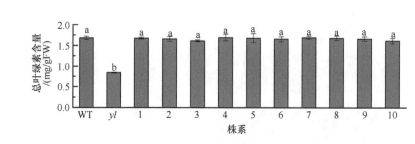

图 9-14　*yl* × WT 杂交子代 PCR 检测及叶绿素含量测定

A. *yl* × WT 杂交子代 40 kb 缺失区域的 PCR 结果：M. DNA Marker DL2000；B. *yl* × WT 杂交子代（1～10）与 WT、C11 株系的表型特征；C. *yl* × WT 杂交子代（1～10）与 WT、C11 株系的叶绿素含量

9.9　白桦金叶突变株 40 kb 缺失区域序列分析

对 *yl* 株系缺失的 40 kb 序列进行 Blastx 分析发现，一个 Bpev01.c0167.g0013.m0001 基因定位在该区域，随后将 Bpev01.c0167.g0013.m0001 基因的序列在 NCBI 网站与 NR 数据库进行比对，结果显示，Bpev01.c0167.g0013.m0001 与预测的 GLK1-like 转录因子（XP_018834281.1）最相似。因此，将该基因命名为 *BpGLK1*。

根据 *BpGLK1* 基因的上游、下游序列设计引物，分别以 *yl*、WT 和 C11 株系的总 DNA 和 cDNA 扩增为模板，分别进行 *BpGLK1* 基因的 PCR、RT-PCR 检测，PCR 扩增，结果显示，在 WT 和 C11 对照株系的基因组中均可见约 3.8 kb 的 *BpGLK1* 基因扩增谱带，但 *yl* 株系基因组中未见扩增谱带（图 9-15A）；RT-PCR 的结果也显示，只有 WT 和 C11 株系中可以检测到 *BpGLK1* 的转录本，而 *yl* 株系未见 *BpGLK1* 基因扩增谱带（图 9-15B）。上述实验证明，缺失的 40 kb 基因组序列包括 *BpGLK1* 基因，*yl* 株系的金叶表型可能与该基因的缺失有关。

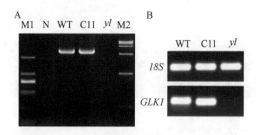

图 9-15　WT、C11 和 *yl* 株系中的 *BpGLK1* 基因 PCR 电泳图谱

A. PCR 分析 WT、C11 及 *yl* 株系基因组中的 *BpGLK1* 基因：M1. DNA Marker DL2000；M2. DNA Marker DL15000；N. 阴性对照（水）；B. 半定量 RT-PCR 分析 WT、C11 及 *yl* 株系中的 *BpGLK1* 基因

9.10　小　结

以 *yl* 株系为试材，采用 Southern 杂交、TAIL-PCR 技术、NGS、PacBio 测序

技术开展 T-DNA 插入位点的鉴定及侧翼序列分析。

通过 Southern 杂交技术在 *yl* 株系基因组中共检测到 5 个插入位点；通过 TAIL-PCR 技术对插入位点的侧翼序列进行扩增，共扩增到 2 个插入位点；采用 NGS 测序方法对 *yl* 株系的基因组进行重测序，在全基因组范围内寻找插入位点，NGS 测序结果显示，在 *yl* 株系基因组中共检测到 6 个插入位点。对 6 个插入位点的上游、下游 5 kb 序列进行分析发现，其中 IS3 插入到 *BpPAL2* 基因的上游 885 bp 位点，IS5 插入到 *BpSMT2* 基因的下游 2386 bp 位点和 *BpCDSP32* 基因的上游 1674 bp 位点。

采用 qRT-PCR 技术对 *yl* 株系及 WT、C11 对照株系中 *BpPAL2*、*BpSMT2* 和 *BpCDSP32* 基因的相对表达量进行分析,结果发现,*BpPAL2*、*BpSMT2* 和 *BpCDSP32* 基因在参试株系中的表达量没有显著差异，表明 T-DNA 的整合没有破坏 *yl* 株系中的 *BpPAL2*、*BpSMT2* 和 *BpCDSP32* 基因，进一步分析发现，*PAL2* 基因主要参与类黄酮、木质素、对称二苯代乙烯等化合物的生物合成（Jiang et al.，2013）。*SMT2* 基因主要参与甾醇的生物合成（Carland et al.，2002）。只有 *CDSP32* 基因编码一个定位于叶绿体中的干旱胁迫诱导的硫氧还蛋白，参与质体氧化损伤的响应（Rey et al.，2005）。

通过对插入位点侧翼序列分析并没有找到插入突变基因，实验又采用 PacBio 测序对 T-DNA 的整合情况再次进行全基因分析，发现 T-DNA 的整合引起 *yl* 株系染色体发生复杂的染色体重排，主要发生在 Chr2、Chr8 和 Chr9 三个染色体间的片段重排。其中 Chr2-3、Chr8-1 和 Chr8-3 分别易位到 Chr8、Chr2 和 Chr9 上与 Chr8-2、Chr2-4 和 Chr9-2 相连。而 Chr2-2、Chr2-5 和 Chr9-1 三个染色体片段在 T-DNA 整合的过程中丢失。*yl* 株系的染色体重排的结果导致了 Chr2 上一段 40 kb 的序列发生纯合缺失。

对已经进入开花结实的 *yl* 株系观察发现，其雄花序显著小于 2 个对照株系，并且不能正常散粉。♀*yl* ×♂WT 杂交种子的千粒重及发芽率也显著低于 2 个对照家系，认为 *yl* 株系由于发生了染色体缺失及易位，可能对 *yl* 株系雌、雄配子的产生造成影响。

♀*yl* ×♂WT 杂交子代苗木叶色均表现为与 WT 株系一致的绿色表型，叶绿素相对含量与 WT 株系无显著差异。PCR 检测显示，40 kb 缺失区域在杂交子代基因组中均呈现阳性扩增，研究结果证明，40 kb 序列的缺失与 *yl* 株系的金叶表型相关。对 40 kb 序列进行分析显示，其中包含一个 *BpGLK1* 基因。

第 10 章　*BpCDSP32* 基因的克隆及功能研究

yl 株系基因组重测序分析发现，*BpPAL2*、*BpSMT2* 和 *BpCDSP32* 这 3 个基因位于 T-DNA 插入位点附近 5 kb 区域。qRT-PCR 结果显示 *yl* 株系中 *BpPAL2*、*BpSMT2* 和 *BpCDSP32* 基因的表达量与 2 个对照株系差异不显著。前人研究表明，*PAL2* 基因参与木质素的生物合成，*SMT2* 基因参与调控细胞中甾醇的油菜素类固醇含量水平，而 *CDSP32* 基因编码一个叶绿体干旱胁迫诱导的硫氧还蛋白，参与响应质体抵抗氧化损伤。

由于 CDSP32 蛋白定位在叶绿体中，是光合膜上抵抗脂质过氧化防御系统的重要组分，CDSP32 蛋白作为其目标结合蛋白的电子供体来参与氧化胁迫。而研究表明，叶绿体硫氧还蛋白 NTRC 会影响拟南芥叶绿体发育及叶色。因此，为了摸清 *BpCDSP32* 基因是否与金叶表型相关，实验以野生型白桦 cDNA 为模板克隆 *BpCDSP32*，构建 35S::*CDSP32*、35S::*RNAi-CDSP32* 载体，开展白桦的遗传转化，探讨该基因是否影响光合色素形成和 *yl* 株系金叶表型形成。

10.1　*BpCDSP32* 基因生物信息学分析

10.1.1　*BpCDSP32* 基因序列及蛋白特征分析

根据 NCBI 网站 ORF Finder 工具预测的 *BpCDSP32* 基因可读框为 897 bp，编码 298 个氨基酸（图 10-1）。对比 *BpCDSP32* 基因的 DNA 序列和 cDNA 序列，发现该基因只有一个外显子，并且基因内部不包含内含子。Expasy ProParam 分析预测该蛋白质的分子量为 33.6 kDa，理论等电点为 8.04。

根据 NCBI 网站的 Conserved Domains Search 工具预测该蛋白具有 Thioredoxin-like 结构域，属于 Thioredoxin-like 超家族成员（图 10-2）。

10.1.2　BpCDSP32 蛋白多序列比对及进化分析

利用 NCBI 中的 BlastP 工具将 *BpCDSP32* 基因编码的氨基酸序列与 NR 数据库进行比对，发现与欧洲栓皮栎（*Quercus suber*，XP_023892486.1）、可可（*Theobroma cacao*，EOY15138.1）、橡胶（*Hevea brasiliensis*，XP_021675220.1）、榴莲（*Durio zibethinus*，XP_022772609.1）和番木瓜（*Carica papaya*，XP_021902793.1）

```
1    ATGGCCACAATAACAAATTCCTTATCCAAACCACTCTCATCTTTTGCCTCCATCCGTAAAATCAATTCTATTCCTCTTTGCCTCCGCCGT
1    M  A  T  I  T  N  S  L  S  K  P  L  S  S  F  A  S  I  P  K  I  N  S  I  P  L  C  L  R  R

91   TCCTTTTTTACCCTTCCGCCCTTCCTTTTTACCAACAAAACTTGAAACCAACCGAACCACTCGCTTCGTCACAAGGGGCACGGCCCGTCT
31   S  F  L  P  F  R  P  S  F  L  P  T  K  L  E  T  N  R  T  T  R  F  V  T  R  G  T  A  P  S

181  GGGACGGCTAAAAAAGTTAAAAACCGATGACAGAGTGAAGAAAGTCCACAGCATAGAGAATTCGATGAAGCCCTCCGTACGGCCAAAAC
61   G  T  A  K  K  V  K  T  D  D  R  V  K  K  V  H  S  I  E  E  F  D  E  A  L  R  T  A  K  N

271  AAGCTCGTAGTGGTAGAGTACGCCGCCAGCCACAGTTCCCACAGCAGTAAAATCTATCCGTTCATGGTGGACCTGAGCCGCACGTGCGGC
91   K  L  V  V  V  E  Y  A  A  S  H  S  S  H  S  S  K  I  Y  P  F  M  V  D  L  S  R  T  C  G

361  GATGTAGAGTTTATGCTGGTGATGGGTGATGAGTCAGAGAAGACTAGGGAGCTTTGCAAGCGAGAGAAAATCGACAAGTCCCTCACTTT
121  D  V  E  F  M  L  V  M  G  D  E  S  E  K  T  R  E  L  C  K  R  E  K  I  D  K  V  P  H  F

451  AGCTTTTTACAAGAGCATGGAGAAAATTCATGAAGAGGAGGGGATTGGCCCAGACGTGCTTGTGGGAGATGTGCTATACTACGGAGATAAC
151  S  F  Y  K  S  M  E  K  I  H  E  E  E  G  I  G  P  D  V  L  V  G  D  V  L  Y  Y  G  D  N

541  CATTCTTCCGTGGTGCAACTGCACTGTAGGGAGGATGTGGAGAAGTTGATTGAAGAGAGTAAGGTTGATCATAAGCTGCTTGTGCTTGAT
181  H  S  S  V  Q  L  H  C  R  E  D  V  E  K  L  I  E  E  S  K  V  D  H  K  L  L  V  L  D

631  GTAGGGTTGAAGCATTGCGGGCCCATGCGTGAAGGTTTATCCGACGGTGATTAAGCTGTCGAAGCAGATGGTGGACACGGTGGTTTTGCG
211  V  G  L  K  H  C  G  P  C  V  K  V  Y  P  T  V  I  K  L  S  K  Q  M  V  D  T  V  V  F  A

721  CGGATGAACGGCGATGAGAACGACAGCTGTATGCAGTTCTTGAAGGACATGGACGTGGTGGAGGTGCCTACGTTTTTGTTCATCAGAGAC
241  W  M  N  G  D  E  N  D  S  C  M  Q  F  L  K  D  M  D  V  V  E  V  P  T  F  L  F  I  R  D

811  GGTCAGATTTGTGGAAGGTATGTGGGTTCCGGTAAGGGGGAGCTTATTGGTGAGATCCTTAGATACCAAGGAGTTCGTGTTACATAA
271  G  Q  I  C  G  R  Y  V  G  S  G  K  G  E  L  I  G  E  I  L  R  Y  Q  G  V  R  V  T  *
```

图 10-1　*BpCDSP32* 基因全长 cDNA 及氨基酸序列

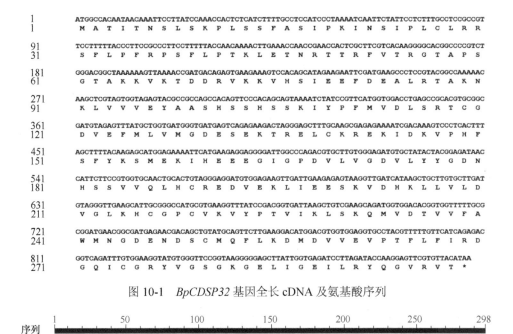

图 10-2　BpCDSP32 蛋白保守结构域

的相似性较高（图 10-3 和图 10-4）。其中与欧洲栓皮栎的相似性最高为 83%，与番木瓜相似性最低为 79%，表明 *CDSP32* 基因编码的氨基酸序在不同物种中保守性很高。

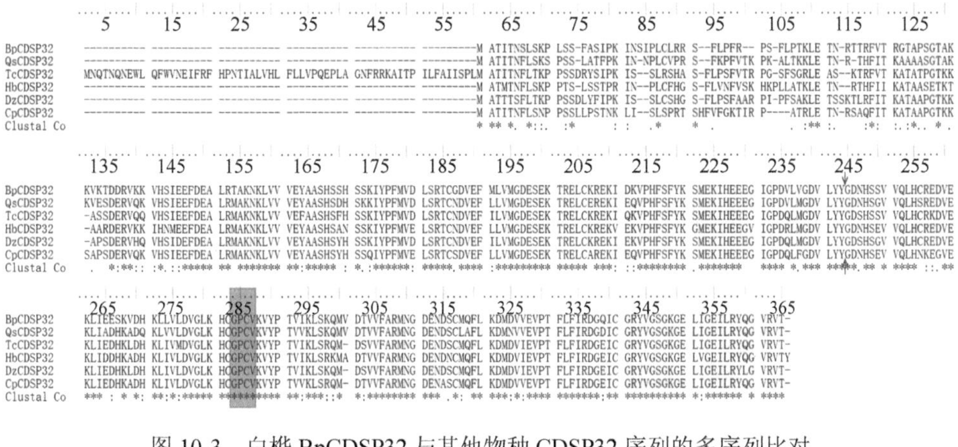

图 10-3　白桦 BpCDSP32 与其他物种 CDSP32 序列的多序列比对

箭头代表 C′端结构域的第一个氨基酸残基，GPCV 是活性位点

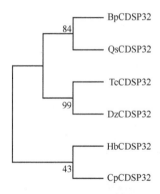

图 10-4 白桦 BpCDSP32 与其他物种的进化分析

10.2 35S::*BpCDSP32* 载体获得

10.2.1 *BpCDSP32* 基因克隆

以野生型白桦 cDNA 为模板,用带有核酸内切酶 *BamH*I 和 *Xba*I 酶切位点的 *BpCDSP32* 基因的上下游引物进行 PCR 扩增,*BpCDSP32* 基因全长 897 bp,从图 10-5 可以看出,扩增出的 PCR 产物条带大小正确,可以用于连接 pCAMBIA1300-GFP 载体。

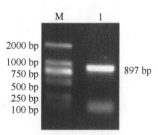

图 10-5 *BpCDSP32* 基因 PCR 扩增电泳图谱

10.2.2 重组载体的获得

使用双酶切方法(图 10-6)对质粒和 *BpCDSP32* 基因纯化产物进行酶切后连接并转化大肠杆菌。挑取单克隆做菌液 PCR 检测。从图 10-7 中可以看出目标条带正确,重组质粒构建成功。

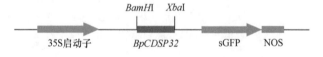

图 10-6 35S::*BpCDSP32* 过表达载体简图

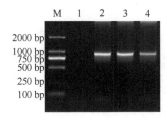

图 10-7　pCAMBIA1300-*BpCDSP32*-GFP 菌液 PCR 电泳图谱

10.3　*BpCDSP32* 基因抑制表达载体获得

10.3.1　*BpCDSP32* 基因正向和方向目的片段克隆

以 pCAMBIA1300-*BpCDSP32*-GFP 质粒为模板，利用 PCR 扩增出两端带有酶切位点识别序列的正向和反向 *BpCDSP32* 基因片段，电泳图条带大小正确，且单一无杂带（图 10-8），可以用于连接 pFGC5941 载体。

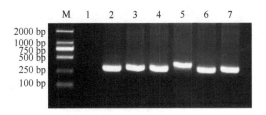

图 10-8　*BpCDSP32* 基因片段 PCR 扩增电泳图谱

10.3.2　*BpCDSP32* 基因正向和反向目的片段连接 pFGC5941 载体

使用双酶切连接的方法（图 10-9）分别对 *BpCDSP32* 基因正向片段纯化产物和 pFGC5941 质粒进行酶切（*Nco*I 和 *Asc*I）后连接，如图 10-10A 所示，挑取的 pFGC5941-*BpCDSP32*-Cis 单菌落均可以扩增出阳性条带，说明连接成功。同样，使用双酶切连接的方法对连接成功的 pFGC5941-*BpCDSP32*-Cis 质粒和反向 *BpCDSP32* 基因反向片段进行酶切（*Xba*I 和 *Bam*HI）后连接，挑取的 pFGC5941-*BpCDSP32*-Cis-Anti 单菌落均可以扩增出阳性条带（图 10-10B），说明抑制表达载体构建成功。

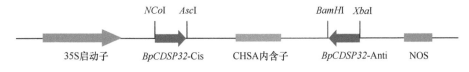

图 10-9　35S::RNAi-*BpCDSP32* 抑制表达载体简图

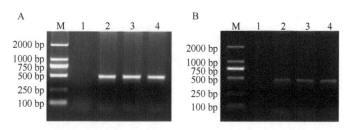

图 10-10 pFGC5941-*BpCDSP32*-Cis（A）和 pFGC5941-*BpCDSP32*-Cis-Anti（B）菌液
PCR 电泳图谱

M. DNA Marker DL2000；1. 水；2～4. 挑取的 3 个单克隆

10.3.3 *BpCDSP32* 基因过表达及抑制载体工程菌获得

将构建成功的 pCAMBIA1300-*BpCDSP32*-GFP 和 pFGC5941-*BpCDSP32*-Cis-Anti 质粒转化到农杆菌 EHA105 内，菌液 PCR 结果如图 10-11 所示，条带大小与目标条带一致，说明 *BpCDSP32* 过表达和抑制表达载体的工程菌制备成功。

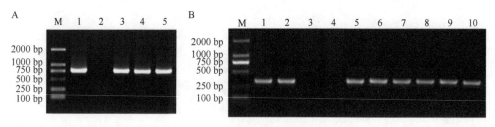

图 10-11 pCAMBIA1300-*BpCDSP32*-GFP（A）及 pFGC5941-*BpCDSP32*-Cis-Anti（B）农杆菌菌液 PCR 电泳图谱

M. DNA Marker DL2000；A：1. pCAMBIA1300-*BpCDSP32*-GFP 质粒，2. 水，3～5. 挑取的 3 个单克隆；B：1～2. pFGC5941-*BpCDSP32*-Cis-Anti 质粒正向和反向 PCR，3～4. 水正向和方向 PCR，5～10. 挑取的 3 个单克隆正向和反向 PCR

10.4 *BpCDSP32* 转基因株系的获得

使用活化好的农杆菌采用合子胚法进行遗传转化，经共培养后，转至筛选培养基中约 20 天获得抗性愈伤，再经分化培养基长出不定芽（图 10-12）。共获得 5 个转 *BpCDSP32* 基因过表达株系（OC1～OC5）和 7 个转 *BpCDSP32* 基因抑制表达株系（RC1～RC7）。

对获得的转基因过表达株系 OC1～OC5 进行 PCR 检测，同时以 pCAMBIA1300-*BpCDSP32*-GFP 质粒为阳性对照，水和野生型白桦为阴性对照。结果显示，5 个植株 OC1～OC5 均为转 *BpCDSP32* 基因过表达阳性植株（图 10-13）。

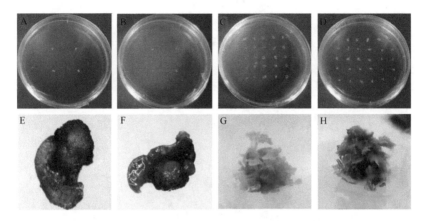

图 10-12　*BpCDSP32* 过表达和抑制表达转基因株系的获得

A. 未经侵染的种子在含有潮霉素的培养基中；B. 未经侵染的种子在含有草铵膦的培养基中；C. *BpCDSP32* 基因过表达农杆菌侵染白桦种子；D. *BpCDSP32* 基因抑制表达农杆菌侵染白桦种子；E. *BpCDSP32* 基因过表达抗性愈伤；F. *BpCDSP32* 基因抑制表达抗性愈伤；G. *BpCDSP32* 基因过表达继代苗；H. *BpCDSP32* 基因抑制表达继代苗

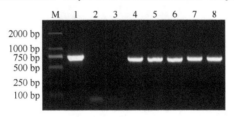

图 10-13　*BpCDSP32* 过表达转基因株系 PCR 扩增电泳图谱

M. DNA Marker DL2000；1. pCAMBIA1300-*BpCDSP32*-GFP 质粒；2. 水；3. 野生型白桦；4～8. 转 *BpCDSP32* 基因过表达株系 OC1～OC5

对获得的抑制表达株系 RC1～RC7 进行正向片段和反向片段的 PCR 检测，以 pFGC5941-*BpCDSP32* 质粒为阳性对照，以水和野生型对照白桦为阴性对照。结果显示，RC1～RC7 均为 *BpCDSP32* 抑制表达转基因阳性植株（图 10-14）。

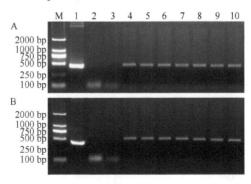

图 10-14　*BpCDSP32* 抑制表达转基因株系 PCR 扩增电泳图谱

A. *BpCDSP32* 抑制表达转基因株系正向 PCR；B. *BpCDSP32* 抑制表达转基因株系反向 PCR；M. DNA Marker DL2000；1. pFGC5941-*BpCDSP32* 质粒；2. 水；3. 野生型白桦；4～10. 转 *BpCDSP32* 基因抑制表达株系 RC1～RC7

10.5　*BpCDSP32* 转基因株系叶色观察

　　BpCDSP32 基因过表达及抑制表达株系继代苗经生根培养移栽后，对这些株系的叶色进行观察。结果发现 *BpCDSP32* 基因过表达及抑制表达株系均呈现正常的叶色（图 10-15A），并且叶绿素含量也与野生型白桦没有明显差异（图 10-15B），说明 *BpCDSP32* 基因与金叶表型无关。

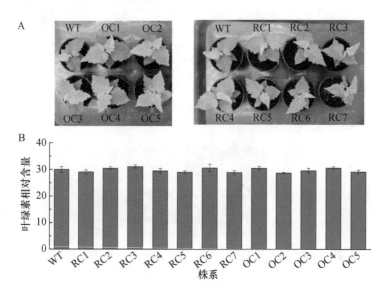

图 10-15　转 *BpCDSP32* 基因过表达及抑制表达株系表型特征

A. 转 *BpCDSP32* 基因过表达株系（OC1～OC5）及抑制表达株系（RC1～RC7）表型；B. 转 *BpCDSP32* 基因过表达及抑制表达株系叶绿素含量

10.6　小　　结

　　BpCDSP32 基因可读框为 897 bp，编码 298 个氨基酸。该基因是由一个外显子组成。蛋白质的分子量为 33.6 kDa，理论等电点为 8.04，属于 Thioredoxin-like 超家族成员。白桦中的 BpCDSP32 氨基酸序列与欧洲栓皮栎、可可、橡胶、榴莲和番木瓜的相似性较高。

　　为了研究 *BpCDSP32* 基因与金叶表型的关系，构建了 *BpCDSP32* 基因的过表达及抑制表达载体，并通过合子胚法对白桦进行遗传转化。结果发现 *BpCDSP32* 基因的过表达和抑制表达转基因株系均表现为正常的叶色和叶绿素含量。虽然 *BpCDSP32* 基因编码一个定位在叶绿体中的硫氧还蛋白，并且与光合膜的氧化胁迫相关，但本章的实验结果证明了 *BpCDSP32* 基因与叶绿素代谢无关。

第 11 章　*BpGLK1* 基因的克隆及过量表达遗传转化

对 *yl* 株系 T-DNA 整合模式进行分析发现，T-DNA 的整合引起 *yl* 株系基因组 40 kb 片段发生纯合缺失。并且通过 *yl* 株系为母本与 WT 株系为父本的有性杂交实验初步证明 40 kb 缺失区域可能与 *yl* 株系金叶表型相关，序列分析发现该区域包含了 *BpGLK1* 基因。

研究已证明，*Golden2-like*（GLK）基因参与调控植物的叶绿体发育，拟南芥中 *glk1glk2* 双突变体表现为黄叶表型（Rossini et al., 2001；Yasumura et al., 2005）。为了揭示 *BpGLK1* 基因的功能，实验以野生型白桦 cDNA 为模板克隆 *BpGLK1* 基因，开展白桦 *BpGLK1* 基因的过表达遗传转化，同时以 *yl* 株系为受体将 *BpGLK1* 基因导入突变株基因组中，进行恢复其突变性状研究。

11.1　*BpGLK1* 基因生物信息学分析

11.1.1　*BpGLK1* 基因序列分析

通过 NCBI 网站的 ORF Finder 工具预测 *BpGLK1* 基因可读框为 1284 bp，编码 427 个氨基酸（图 11-1）。Expasy ProParam 分析表明该蛋白质的分子量为 46.91 kDa，理论等电点为 6.47。

根据 NCBI 网站的 Conserved Domains Search 工具预测该蛋白质具有 PLN03162 结构域，属于 golden-2 like 转录因子家族成员（图 11-2）。

```
1     ATGCTTGCTGTGTCAGCTTTGAGGAACACAAAGGATGAAAACCAAGGAGAGTTTTCAATCGGAGTCAACGACTACCCAGACTTCTCCGAT
1     M  L  A  V  S  A  L  R  N  T  K  D  E  N  Q  G  E  F  S  I  G  V  N  D  Y  P  D  F  S  D

91    GGGAATTTGCTCGACAGCATCGATTTCGACGATCTTTTCGTGGATATCAACGACGGAGACGTGTTGCCGGATTTGGAAATGGACCCGGAA
31    G  N  L  L  D  S  I  D  F  D  D  L  F  V  D  I  N  D  G  D  V  L  P  D  L  E  M  D  P  E

181   ATGCTCGCCGACTTATCCGTTAGCGGCGGTGAGGAATCCGAGATGTACACATCCATGTCTCTCGAAAAATTAGACGATATTACTAATTAT
61    M  L  A  D  L  S  V  S  G  G  E  E  S  E  M  Y  T  S  M  S  L  E  K  L  D  D  I  T  N  Y

271   ACAAAGAAAGAAGATCAGGAAGACAAAGTTTCCGGTTCCGGTTCGGGCTCCGGTTCCGGTTCCGGTTCAAGTCGAGGAGATGAAATTGTC
91    T  K  K  E  D  Q  E  D  K  V  S  G  S  G  S  G  S  G  S  G  S  G  S  S  R  G  D  E  I  V

361   AGCAAAAGAGATGAATCTGTTGTGGTCAAACCACCTCCAAAACAAGCTGATAATAATAAACCCAGAAAATCATCTTCACACTCAAAGAAT
121   S  K  R  D  E  S  V  V  V  K  P  P  P  K  Q  A  D  N  N  K  P  R  K  S  S  S  H  S  K  N

451   TCTCATGGAAAGCGCAAAGTGAAGGTGGATTGGACCCCAGAATTGCACAGAAGGTTTGTGCAAGCTGTGGAGCAGCTAGGGGTGGATAAG
151   S  H  G  K  R  K  V  K  V  D  W  T  P  E  L  H  R  R  F  V  Q  A  V  E  Q  L  G  V  D  K

541   GCTGTGCCTTCAAGGATTTTAGAGCTTATGGGAATTGATTGTCTCACCCGCCACAACATAGCCAGCCACCTTCAGAAATATCGGTCGCAT
181   A  V  P  S  R  I  L  E  L  M  G  I  D  C  L  T  R  H  N  I  A  S  H  L  Q  K  Y  W  S  H

631   CGGAAGCATTTGCTGGCGCGTGAAGCTGAGGCGGCTAGCTGGAGCCAGAGAAGGCAGATGTATGGACCGGCTACCGGTGGAGGAGGGAAG
211   W  K  H  L  L  A  R  E  A  E  A  A  S  W  S  Q  R  R  Q  M  Y  G  P  A  T  G  G  G  G  K
```

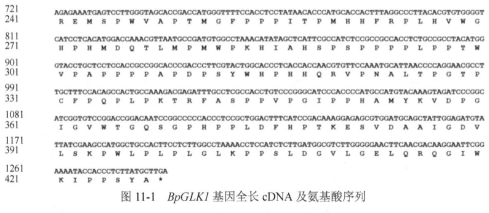

```
721   AGAGAAATGAGTCCTTGGGTAGCACCGACCATGGGTTTTCCACCTCCTATAACACCCATGCACCACTTTAGGCCCTTACACGTGTGGGT
241   R  E  M  S  P  W  V  A  P  T  M  G  F  P  P  P  I  T  P  M  H  H  F  R  P  L  H  V  W  G

811   CATCCTCACATGGACCAAACGTTAATGCCGATGTGGCCTAAACATATAGCTCATTCGCCATCTCCGCCGCCACCTCTGCCGCCTACATGG
271   H  P  H  M  D  Q  T  L  M  P  M  W  P  K  H  I  A  H  S  P  S  P  P  P  L  P  P  T  W

901   GTACCTGCTCCTCCACCGCCGGCACCCGACCCTTCGTACTGGCACCCTCACCACCAACGTGTTCAAATGCATTAACCCCAGGAACGCCT
301   V  P  A  P  P  P  A  P  D  P  S  Y  W  H  P  H  H  Q  R  V  P  N  A  L  T  P  G  T  P

991   TGCTTTCCACAGCCACTGCCAAAGACGAGATTTGCCTCGCCACCTGTCCCGGGCATCCCACCCCATGCCATGTACAAAGTAGATCCCGGC
331   C  F  P  Q  P  L  P  K  T  R  F  A  S  P  P  V  P  G  I  P  P  H  A  M  Y  K  V  D  P  G

1081  ATCGGTGTCCGGACCGGACAATCCGGCCCCCACCCTCCGCTGGACTTTCATCCGACAAAGGAGAGCGTGGATGCAGCTATTGGAGATGTA
361   I  G  V  W  T  G  Q  S  G  P  H  P  P  L  D  F  H  P  T  K  E  S  V  D  A  A  I  G  D  V

1171  TTATCGAAGCCATGGCTGCCACTTCCTCTTGGCCTAAAACCTCCATCTCTTGATGGCGTCTTGGGGGAACTTCAACGACAAGGAATTCGG
391   L  S  K  P  W  L  P  L  P  L  G  L  K  P  P  S  L  D  G  V  L  G  E  L  Q  R  Q  G  I  W

1261  AAAAATCCACCCTCTTATGCTTGA
421   K  I  P  P  S  Y  A  *
```

图 11-1　*BpGLK1* 基因全长 cDNA 及氨基酸序列

图 11-2　BpGLK1 蛋白保守结构域

通过对比 BpGLK1 的 DNA 序列和 cDNA 序列，发现该基因由 6 个外显子和 5 个内含子组成（图 11-3）。cDNA 序列中 1~474 bp 为第 1 个外显子，475~615 bp 为第 2 个外显子，616~960 bp 为第 3 个外显子，961~1017 bp 为第 4 个外显子，1018~1134 bp 为第 5 个外显子，1135~1284 bp 为第 6 个外显子。

图 11-3　*BpGLK1* 基因外显子和内含子示意图

11.1.2　*BpGLK1* 基因的进化分析

使用 NCBI 中的 BlastP 工具将 BpGLK1 氨基酸序列与胡桃（*Juglans regia*，XP_018834281.1）、欧洲栓皮栎（XP_023901400.1）、哥伦比亚锦葵（*Herrania umbratica*，XP_021279775.1）、可可（XP_007043688.2）和枣（*Ziziphus jujuba*，XP_015881406.1）的相似性较高（图 11-4）。其中与欧洲栓皮栎的相似性最高为 80%，与可可和枣的相似性最低为 73%。

与拟南芥 AtGLK1 和 AtGLK2 氨基酸序列进行比对发现，在白桦中，与 BpGLK1 最相似的蛋白质是 BpRR2，而 BpRR2 在系统进化树分析中与拟南芥的 APRR2 蛋白是直系同源，不属于 *GLK* 基因家族。因此，说明白桦基因组中仅有 1 个 *GLK* 基因（图 11-5A）。

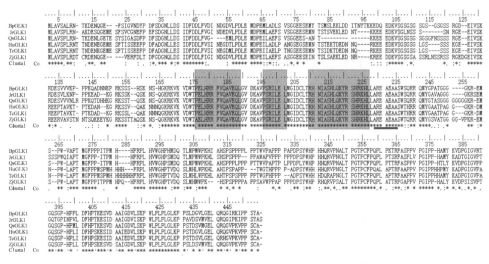

图 11-4　白桦 BpGLK1 与其他物种 GLK1 序列的多序列比对

灰色阴影部分氨基酸序列代表预测的保守 α-螺旋，红色实线是 GLK 蛋白中的保守 AREAEAA 结合域

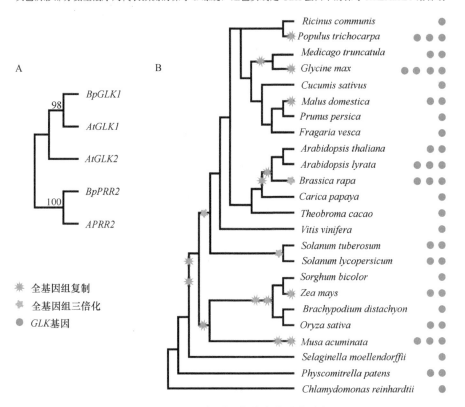

图 11-5　GLK 在不同物种中的进化分析

A. 白桦和拟南芥中 GLK 和 PRR2 蛋白的系统进化树；B. 植物中全基因组复制事件与 *GLK* 基因的数量

为了探索不同植物物种中 *GLK* 基因家族的系统发育，从 Phytozome 数据库 v12.1（Goodstein et al.，2012）对当前已发表的植物基因组中的 *GLK* 基因数目进行统计。分析发现在葡萄、可可、木瓜、野草莓、桃、黄瓜和蓖麻等物种的基因组中也是与白桦一样只含有 1 个 *GLK* 基因（图 11-5B）。然后，又参照植物基因组复制数据库（Lee et al.，2013）对这些物种的全基因组复制（whole genome duplication，WGD）事件进行分析。结果发现，这些物种都没有经历过近期的 WGD 事件。进一步分析发现，苹果和苜蓿在经历了近期的 WGD 事件后，基因组中的 *GLK* 基因复制成 2 个。大豆经历了 2 次 WGD 事件，其基因组中含有 4 个 *GLK* 基因。芜菁甘蓝含有 3 个 *GLK* 基因，很可能是由于它经历了 2 次 WGD 事件和 1 次全基因组三倍体事件后发生了基因收缩事件的结果（图 11-5B）。因此，推测 *GLK* 基因在经历近期的 WGD 事件之前是单拷贝基因家族，而在复制事件发生的过程形成了 *GLK* 基因家族，并出现功能的分化或功能的冗余。

11.2 *BpGLK1* 基因过表达载体构建及遗传转化

11.2.1 *BpGLK1* 基因克隆

以野生型白桦叶片 cDNA 为模板，根据 *BpGLK1* 基因序列设计引物，在上游、下游引物分别引入 *Bam*HI、*Xba*I 酶切位点，引物序列如下。

*BpGLK1*_F_BamHI：5′-CGCG GATCCATGCTTGCTGTGTCAGCTTTG-3′

*BpGLK1*_R_XbaI：5′-GCTCTAGAAG CATAAGAGGGTGGTATTTTCC-3′

PCR 反应体系为：在 20 μL 反应总体积中含有 DNA 模板 0.4 μg，上下游引物（10 μmol/L）各 0.5 μL，dNTPs（25 mmol/L）1.6 μL，10×Pfu Buffer 2 μL，Pfu DNA Polymerase 1U，加 ddH$_2$O 补齐至 20 μL。PCR 扩增程序为：94℃预变性 2 min，进行 PCR 循环：94℃变性 30 s，58℃退火 30 s，72℃延伸 2 min 30 s，30 个循环后继续于 72℃延伸 15 min，16℃保温。PCR 产物于 1%琼脂糖凝聚电泳检测，获得长度为 1284 bp 的谱带（图 11-6），胶回收试剂盒回收纯化目的片段。

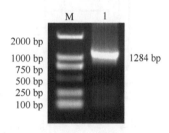

图 11-6 *BpGLK1* 基因 PCR 扩增电泳图谱

M. DNA Marker DL2000；1. *BpGLK1* 基因扩增产物

11.2.2　35S::*BpGLK1* 载体构建

用 *BamH*I 和 *Xba*I 酶分别双酶切 *BpGLK1* 序列及 pCAMBIA1300-GFP 质粒，将双酶切产物纯化后用 T4 连接酶 16℃过夜连接，在 50 mg/L 卡那霉素抗性平板上筛选，获得阳性重组质粒（命名为：p35S::*BpGLK1*-GFP），测序鉴定序列正确后，采用电击法将重组质粒转化 EHA105 农杆菌感受态细胞中，获得 EHA105（pCAMBIA1300-*BpGLK1*-GFP）工程菌，用于后续的白桦遗传转化（图 11-7 和图 11-8）。

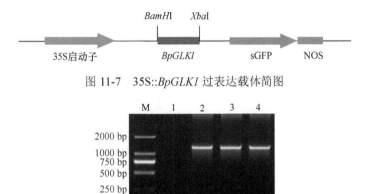

图 11-7　35S::*BpGLK1* 过表达载体简图

图 11-8　pCAMBIA1300-*BpGLK1*-GFP 菌液 PCR 电泳图谱

11.2.3　*BpGLK1* 过表达转基因株系的获得

以白桦优树（*Betula platyphylla* × *B. pendula*）成熟种子胚为转基因受体，种子采自东北林业大学白桦良种基地内自由授粉的 1 株优树，将采摘的种子晾干，去除苞片及果梗等杂质，分成若干小份，塑料袋密封后置于−20℃冰箱保存备用。

将白桦种子装入烧杯中，杯口盖 2 层纱布并用皮套扎紧，置于水槽中用流水冲 40～45 h，随后挑选充分吸胀并沉瓶底的成熟种子用于转基因受体。将吸胀的种子置于无菌培养皿中，在超净工作台，加入 50 mL 75%乙醇浸泡 30 s，弃乙醇，再加入 50 mL 30%双氧水消毒 15 min，弃双氧水，用无菌水洗种子 3 次，在超净工作台中将消毒后的种子从正中间纵切，用无菌刀片摘除种皮后立即置于活化的农杆菌 EHA105（pCAMBIA1300-*BpGLK1*-GFP）中浸染 90 s。将浸染后的纵切种子转接于共培养基上 [WPM + 2.0 mg/L 6-BA+ 0.2 mg/L NAA；木本植物专用培养基（woody plant medium, WPM）；6-苄基腺嘌呤（6-BA）；萘乙酸（NAA）] 暗培养 48 h，随后转接至含 50 mg/L Hyg 选择剂和 200 mg/L 头孢霉素抑菌剂的固体平板培养基上，25℃±2℃光照条件下进行选择培养（WPM+2.0 mg/L 6-BA+

0.2 mg/L NAA +50 mg/L 潮霉素+200 mg/L 头孢霉素），20 天后在合子胚切口处可见陆续产生 Hyg 抗性愈伤组织，待抗性愈伤组织直径为 0.2 mm 左右时将其切下，置于分化培养基上诱导分化不定芽[WPM+0.8～1.0 mg/L 6-BA+50 mg/L 潮霉素+200 mg/L 头孢霉素+0.5 mg/L GA3；赤霉素 3（GA3）]，待不定芽长成丛生苗后选取生长健壮的无根苗接种于生根培养基[WPM + 0.4 mg/L IBA；吲哚丁酸（IBA）]中进行生根培养。共获得 5 个转 *BpGLK1* 基因过表达株系（OE1～OE5）（图 11-9）。

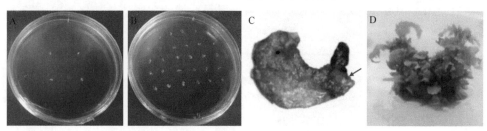

图 11-9 *BpGLK1* 过表达转基因株系的获得

A. 未经侵染的种子在含有潮霉素的培养基中；B. *BpGLK1* 基因过表达农杆菌侵染白桦种子；C. *BpGLK1* 基因过达抗性愈伤；D. *BpGLK1* 基因过表达继代苗

11.2.4 *BpGLK1* 过表达转基因株系的分子检测

分别以 *BpGLK1* 过表达转基因株系（OE1～OE5）叶片 DNA 为模板，以 pCAMBIA1300-*BpGLK1*-GFP 质粒为阳性对照，以水和野生型白桦叶片 DNA 为阴性对照，根据 *BpGLK1* 基因 CDS 序列和载体序列设计引物，上游引物为 *BpGLK1*_F_BamHI：5′- CGCGGATCCATGCTTGCTGTGTCAGCTTTG -3′下游引物为 pCAMBIA1300_GFP_R：5′- CGTCGCCGTCCAGCTCGACCAG -3′，对 *BpGLK1* 超表达转基因株系进行 PCR 扩增，PCR 扩增产物用 1.0%的琼脂糖凝胶检测。结果显示（图 11-10），阳性质粒及 5 个转基因株系在 1284 bp 左右处可见扩增谱带，表明目标 *BpGLK1* 序列已整合到白桦基因中。

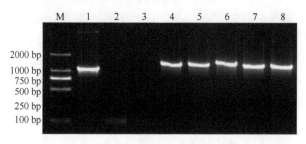

图 11-10 *BpGLK1* 过表达转基因株系 PCR 扩增电泳图谱

M. DNA Marker DL2000；1. pCAMBIA1300-*BpGLK1*-GFP 质粒；2. 水；3. 野生型白桦；4～8. 转 *BpGLK1* 基因过表达株系 OE1～OE5

以 *BpGLK1* 过表达转基因株系（OE1～OE5）叶片为材料,利用离心柱型总 RNA 提取试剂盒（北京百泰克生物技术有限公司）提取总 RNA，用 ReverTra Ace qPCR RT Master Mix 试剂盒反转录为 cDNA，稀释 10 倍用于 qRT-PCR 模板，以 q-glk-F 和 q-glk-R 作为引物（q-glk-F：5′-CACAACATAGCCAGCCACCTTC-3′，q-glk-R：5′-GTCGGTGCTACCCAAGGACTC-3′），18S rRNA 作为内参进行 qRT-PCR 分析。25 μL 反应体系中：包括 2×SYBR Green Realtime PCR Master mix 12 μL；引物各 0.5 μL（10 mol/L）；无菌去离子水 10 μL；模板 2 μL。每个样品 3 次重复，分别设置水对照，利用 ABI-7500 定量 PCR 仪完成扩增过程。用 $2^{-\Delta\Delta Ct}$ 方法进行基因的相对定量。qRT-PCR 结果显示（图 11-11），不同转基因株系间 *BpGLK1* 表达量不尽相同，相对 WT 株系，*BpGLK1* 过表达株系均显著上调表达，OE3 株系表达量最高，是 WT 株系的 16 倍，表达量最低的 OE4 株系也高于 WT 株系的 3 倍。

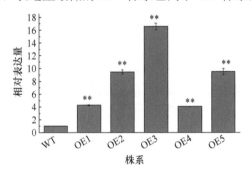

图 11-11　过表达株系中 *BpGLK1* 的表达量

星号代表 *t* 检验 $P < 0.01$

11.3　35S::*BpGLK1-BAR* 过表达载体构建及白桦金叶突变株遗传转化

由于 *yl* 株系是转基因突变株，其基因组中带有潮霉素和卡那霉素抗性基因，即 *yl* 株系表现潮霉素和卡那霉素抗性，所以，以 *yl* 株系为受体开展 *BpGLK1* 的遗传转化时，需要构建 35S::*BpGLK1-BAR* 植物表达载体，以草铵膦作为筛选剂，开展 *yl* 株系的突变性状恢复研究。

11.3.1　35S::*BpGLK1-BAR* 过表达载体的获得

以 p35S::*BpGLK1*-GFP 质粒为模板，根据 *BpGLK1*_基因序列设计引物，在上游、下游引物分别引入接头序列（标横线部分为接头序列），引物序列如下。

BpGLK1-FP：5′-<u>GCAAGTTCTTCACTGTTGATA</u>ATGCTTGCTGTGTCAGCT TTG-3′

BpGLK1-RP：5′-<u>TGATTTCAGCGTACCGAATTGTT</u>AAGCATAAGAGGGTGG TATTTTC-3′

采用同源重组方法将 PCR 产物与 VK011-06 载体（北京唯尚立德生物科技有限公司）连接，连接体系：Easy Assembly Mix：2.5 μL，PCR 产物：0.5 μL，Plant Transgenic Vector：2 μL 50℃反应 25 min，将连接产物转化大肠杆菌感受态，挑取阳性单克隆通过菌液 PCR 检测，获得 35S::*BpGLK1-BAR* 质粒载体，采用电转化法获得工程菌 EHA105（p35S::*BpGLK1-BAR*）（图 11-12）。

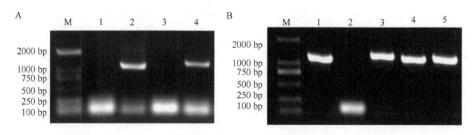

图 11-12　VK011-06-*BpGLK1* 大肠杆菌（A）及农杆菌（B）菌液 PCR 电泳图谱

M. DNA Marker DL2000；A：1. 水，2～4. 挑取的 3 个单克隆；B：1. VK011-06-*BpGLK1* 质粒；2～4. 挑取的 3 个单克隆

11.3.2　以白桦金叶突变株为受体的 *BpGLK1* 基因的遗传转化

1. *yl* 株系受体的培养

在超净工作台中，将继代培养的 *yl* 株系无根苗转接于生根培养基中（WPM + 0.4 mg/L IBA），培养 25 天后，切除根部再次转接于生根培养基中进行二次生根壮苗，30 天时取其茎段作为遗传转化的受体。

2. *yl* 株系的遗传转化

取 OD_{600} 值约 0.5 的二次活化菌液 EHA105（p35S::*BpGLK1-BAR*），稀释菌液至 OD_{600} 值为 0.1 左右作为侵染 *yl* 株系茎段的工程菌。

将上述培养的苗木切成 0.8～1 cm 的茎段，放入活化好的农杆菌菌液浸泡 5～10 min。期间不断摇晃，侵染后用灭好的无菌纸吸取多余的菌液，置于不含抗生素的 WPM 培养基中黑暗条件下共培养 2～3 天，期间及时更换新培养基，并利用无菌纸进行脱菌。共培养结束后，将茎段转移至选择培养基（WPM+0.8 mg/L 6-BA+0.02 mg/L NAA +200 mg/L 羧苄霉素+50 mg/L 卡那霉素+1.1 mg/L 草铵膦）中筛选抗性愈伤。获得抗性愈伤经分化培养基（WPM+0.8 mg/L 6-BA+0.02 mg/L NAA +0.5 mg/L GA3+200 mg/L 头孢霉素+5.5 mg/L 草铵膦）长出不定芽（图 11-13）。

3. 分子检测

分别提取转基因过表达株系 C-*yl* 叶片 DNA 为模板，以 VK011 质粒为阳性对照，以 *yl* 株系和野生型白桦叶片 DNA 为阴性对照，以 *BpGLK1*-FP 和 *BpGLK1*-RP 为引物，对 C-*yl* 转基因株系进行 PCR 扩增，PCR 扩增产物用 1.0%的琼脂糖凝胶检测。结果显示，阳性质粒及 6 个转基因株系在 1048 bp 左右处可见扩增谱带，表明 *BpGLK1* 基因已回补到 *yl* 株系基因组中（图 11-14）。

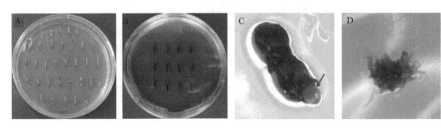

图 11-13　*BpGLK1* 回补 *yl* 转基因（C-*yl*）株系的获得

A. 农杆菌侵染 *yl* 株系茎段；B. 未经侵染的 *yl* 株系茎段在含有草铵膦的培养基中；C. C-*yl* 抗性愈伤；D.转基因株系 C-*yl* 分化出不定芽

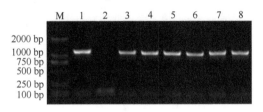

图 11-14　C-*yl* 株系的 PCR 检测电泳图谱

M. DNA Marker DL2000；1. 阳性对照（pVK011-06-*BpGLK1* 质粒）；2. 水；3～8. 6 个 C-*yl* 株系

11.3.3　金叶突变性状的恢复

回补株系 C-*yl* 继代苗经生根培养移栽后，对其叶色进行观察。结果发现 *yl* 株系在转入 *BpGLK1* 基因后，回补株系 C-*yl* 均呈现正常的叶色。摘取 WT、*yl* 及回复突变体 C-*yl* 株系的功能叶片，采用 80%丙酮浸提分光光度计测定叶片中的叶绿素及类胡萝卜素含量。发现叶绿素 a、叶绿素 b、类胡萝卜素的含量及叶绿素 a/b 均恢复到野生型水平（图 11-15），证明了 *yl* 株系金叶表型是由于 *BpGLK1* 基因的缺失所致。

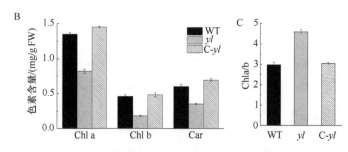

图 11-15　C-*yl* 株系表型特征

A. WT、*yl* 和 C-*yl* 株系的表型；B. WT、*yl* 和 C-*yl* 株系的色素含量；C. WT、*yl* 和 C-*yl* 株系的叶绿素 a/b

11.4　小　　结

白桦中 *BpGLK1* 基因可读框为 1284 bp，该基因的 DNA 序列包含 6 个外显子和 5 个内含子。编码 427 个氨基酸，蛋白质的分子量为 46.91 kDa，等电点为 6.47。白桦中的 BpGLK1 氨基酸序列与胡桃、欧洲栓皮栎、哥伦比亚锦葵、可可和枣的相似性较高。对 *BpGLK1* 基因的进化分析发现，与其他已经报道过的物种不同，白桦的基因组中只有 1 个 *GLK* 基因。根据比较全基因组复制事件与 *GLK* 基因数量的关系推测出 *GLK* 基因家族可能是在植物发生全基因组复制事件的过程中形成，随后出现了基因功能的冗余和分化现象，而白桦没有经历全基因组复制事件，所以白桦只有 1 个 *GLK* 基因，因此该基因的功能缺失会引起白桦出现比较明显的表型性状的变化。

为了研究 *BpGLK1* 基因与金叶表型的关系，构建了 *BpGLK1* 基因的过表达载体，并通过合子胚法对白桦进行遗传转化。结果发现转 *BpGLK1* 基因过表达株系与对照相比，表现为叶色加深、叶绿素含量升高。

为了进一步验证 *BpGLK1* 基因是否为 *yl* 株系的突变基因，开展了 *BpGLK1* 的功能互补实验，即利用 *BpGLK1* 基因遗传转化 *yl* 株系。结果显示，所有恢复突变体的叶色、叶绿素含量及叶绿素 a/b 均恢复到与野生型一致的水平，以上的结果证明了 *BpGLK1* 基因是 *yl* 株系金叶表型的突变基因。

第 12 章　转基因金叶桦的创制

通过对金叶桦突变株中的鉴定获得了 1 个 *BpGLK1* 基因，而抑制该基因的表达可以使植物叶色黄化。因此，为迎合当前人们对彩叶树种的需求及促进白桦在城市园林绿化中的推广应用，本章开展了白桦中 *BpGLK1* 基因抑制表达的遗传转化工作，选育出性状稳定的金叶桦转基因新品种，为城市园林绿化提供优良的转基因金叶桦树种。

12.1　35S::*BpGLK1-RNAi* 干扰表达载体的获得

12.1.1　*BpGLK1* 基因片段克隆

根据 *BpGLK1* 的基因序列选取 201 bp 序列，序列如下。
GCACAGAAGGTTTGTGCAAGCTGTGGAGCAGCTAGGGGTGGATAAGGCTGT
GCCTTCAAGGATTTTAGAGCTTATGGGAATTGATTGTCTCACCCGCCACAAC
ATAGCCAGCCACCTTCAGAAATATCGGTCGCATCGGAAGCATTTGCTGGCGC
GTGAAGCTGAGGCGGCTAGCTGGAGCCAGAGAAGGCAGATGTATGG

分别设计正向引物和反向引物，在正向引物的上下游分别添加 *Nco*I 和 *Asc*I 的酶切位点序列，在反向引物的上下游分别添加 *Bam*HI 和 *Xba*I 的酶切位点序列。引物序列如下。

*BpGLK1*_RNAi_Cis_NcoI: 5′-CATGCCATGGGCACAGAAGGTTTGTGCAAG-3′
*BpGLK1*_RNAi_Cis_AscI: 5′-TTGGCGCGCCCCATACATCTGCCTTCTCTGG-3′
*BpGLK1*_RNAi_Anti_XbaI: 5′-GCTCTAGAGCACAGAAGGTTTGTGCAAG-3′
*BpGLK1*_RNAi_Anti_BamHI: 5′-CGCGGATCCCCATACATCTGCCTTCTCTG G-3′

以 pCAMBIA1300-*BpGLK1*-GFP 质粒为模板，PCR 分别扩增 *BpGLK1* 基因正向和反向目的片段，电泳图条带大小正确，且单一无杂带（图 12-1），可以用于连接 pFGC5941 载体。

12.1.2　*BpGLK1* 基因正向和反向目的片段连接 pFGC5941 载体

1. *BpGLK1* 正向片段与 pFGC5941 载体的酶切纯化及连接转化

用胶回收试剂盒对 *BpGLK1* 正向目的条带进行纯化回收，按照限制性内切酶

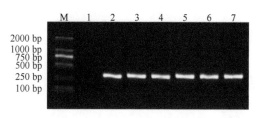

图 12-1　*BpGLK1* 基因片段 PCR 扩增电泳图谱

M. DNA Marker DL2000；1. 水；2～4. 正向片段扩增谱带；5～7. 反向片段扩增谱带

说明书分别对纯化的产物和 pFGC5941 质粒进行双酶切（*Nco*I 和 *Asc*I）。酶切产物用 1%琼脂糖凝胶电泳分离检测并纯化。

将纯化回收后的 *BpGLK1* 正向目的片段与 pFGC5941 载体酶切产物按照 T4 DNA 连接酶的酶切体系条件进行连接后转化大肠杆菌感受态细胞，随机挑取 3 个单克隆，以 pFGC5941_CIS_F 和 pFGC5941_CIS_R 作为引物进行菌液 PCR。对 PCR 检测为阳性的 pFGC594-*BpGLK1*-Cis 单克隆提取质粒。

2. *BpGLK1* 反向片段与 pFGC594-*BpGLK1*-Cis 载体的酶切纯化及连接转化

将纯化回收的 *BpGLK1* 反向目的片段与 pFGC594-*BpGLK1*-Cis 质粒，按照限制性内切酶的说明书分别进行双酶切（*Bam*HI 和 *Xba*I）。酶切产物用 1%琼脂糖凝胶电泳分离检测、纯化连接后转化大肠杆菌感受态细胞，随机挑取 3 个单克隆，以 pFGC5941_CIS_F 和 pFGC5941_Anti_R 作为引物进行菌液 PCR。对 PCR 检测为阳性的 pFGC5941-*BpGLK1*-Cis-Anti 单克隆提取质粒。结果如所示图 12-2，菌液 PCR 为阳性，说明 pFGC5941-*BpGLK1* 载体构建成功。载体简图如图 12-3 所示。

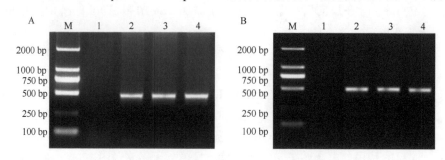

图 12-2　pFGC5941-*BpGLK1*-Cis（A）及 pFGC5941-*BpGLK1*-Cis-Anti（B）菌液
PCR 电泳图谱

M. DNA Marker DL2000；1. 水；2～4，阳性质粒扩增谱带

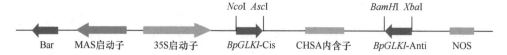

图 12-3　35S::RNAi-*BpGLK1* 抑制表达载体简图

3. 工程菌的制备

采用电击法将制备好的 35S::*BpGLK1-RNAi* 质粒转入 EHA105 农杆菌感受态细胞中，待长出单菌落后挑取单克隆进行菌液 PCR 检测，检测为阳性的农杆菌可以用于后续遗传转化，菌液 PCR 结果如图 12-4 所示，条带大小与目标条带一致，说明单克隆 2 和 3 转化成功。

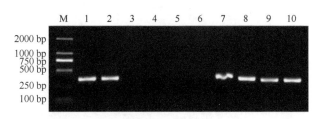

图 12-4　35S::*BpGLK1-RNAi* 农杆菌菌液 PCR 电泳图谱

M. DNA Marker DL2000；1~2. 35S::*BpGLK1-RNAi* 质粒正向和反向 PCR；3~4. 水正向和方向 PCR；5~10. 挑取的 3 个单克隆正向和反向 PCR

12.2　金叶桦（*BpGLK1* 干扰株系）的获得

用活化好的农杆菌 EHA105（35S::*BpGLK1-RNAi*）采用合子胚法进行遗传转化经共培养后转移至筛选培养基（含 50 mg/L 草铵膦）中筛选。约 20 天获得抗性愈伤，再经分化培养基长出不定芽（图 12-5）。共获得 7 个转 *BpGLK1* 抑制表达株系（RE1~RE7）。

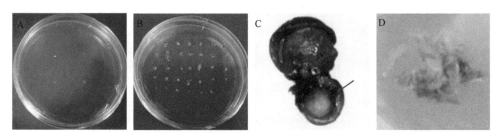

图 12-5　*BpGLK1* 过表达和抑制表达转基因株系的获得

A. 未经侵染的种子在含有草铵膦的培养基中；B. *BpGLK1* 基因抑制表达农杆菌侵染白桦种子；C. *BpGLK1* 基因抑制表达抗性愈伤；D. *BpGLK1* 基因抑制表达继代苗

12.3　转基因株系的分子检测

分别提取抑制表达株系的叶片总 DNA 作为模板，以 pFGC5941_CIS_F 和 pFGC5941_CIS_R、pFGC5941_Anti_F 和 pFGC5941_Anti_R 为引物进行正向片段

和反向片段的 PCR 检测，同时以 pFGC5941-*BpGLK1* 质粒为阳性对照，以水和野生型白桦为阴性对照。结果显示，RE1~RE7 均为 *BpGLK1* 抑制表达转基因阳性植株（图 12-6）。

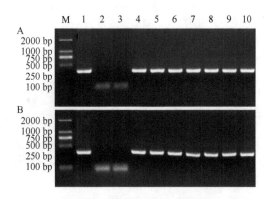

图 12-6　*BpGLK1* 抑制表达转基因株系 PCR 扩增电泳图谱

A. *BpGLK1* 抑制表达转基因株系正向 PCR；B. *BpGLK1* 抑制表达转基因株系反向 PCR；M. DNA Marker DL2000；
1. pFGC5941-*BpGLK1* 质粒；2. 水；3. 野生型白桦；4~10. 转 *BpGLK1* 基因抑制表达株系 RE1~RE7

以转基因 RE1~RE7 叶片为材料，提取总 RNA 并反转录为 cDNA（试剂盒见 11.2.4），稀释 10 倍用为 qRT-PCR 模板，以 q-glk-F 和 q-glk-R 作为引物，18S rRNA 作为内参进行 qRT-PCR 分析。在 ABI 7500 定量 PCR 仪上完成 qRT-PCR，3 次重复，用 $2^{-\Delta\Delta Ct}$ 的方法对定量结果进行分析。结果如图 12-7 所示，不同转基因株系间 *BpGLK1* 表达量不尽相同，相对 WT 株系，干扰表达株系均显著下调表达，7 个转基因株系 *BpGLK1* 相对表达量低于野生型白桦的 41%~96%。

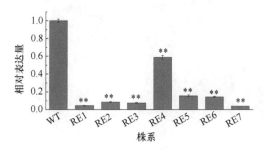

图 12-7　*BpGLK1* 抑制表达转基因株系中 *BpGLK1* 的表达量

星号代表 *t* 检验 $P<0.01$

12.4　转基因金叶桦叶片叶绿素含量测定

BpGLK1 抑制表达转基因株系继代苗经生根培养移栽后，叶色观察发现，7

个抑制表达株系的叶色与野生型白桦叶色比较明显退绿，呈黄色（图 12-8A），叶绿素相对含量测定显示，7 个抑制表达转基因株系的 SPAD 均显著低于野生型白桦，7 个转基因株系中除了 RE4 的叶色表型为淡绿色外，其余的抑制表达株系均表现为金叶表型（图 12-8B）。*BpGLK1* 过表达转基因株系则反之，叶色暗绿，转基因株系的 SPAD 显著高于野生型白桦。

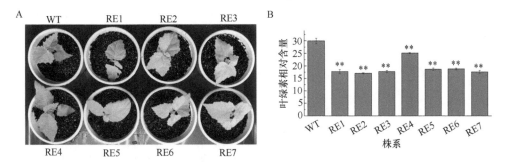

图 12-8　*BpGLK1* 抑制表达转基因株系（1 个月）的表型（A）及叶绿素含量（B）

星号代表 *t* 检验 $P < 0.01$

12.5　小　　结

本章通过基因工程手段开展了金叶桦的创制方法研究，即选取 *BpGLK1* 基因中 201 bp 的保守区域，构建 pRNAi-*GLK* 干扰表达载体，以白桦（*Betula platyphylla*×*B. pendula*）成熟合子胚为受体，采用农杆菌介导法进行遗传转化。该方法获得的转基因金叶桦表现为稳定的叶色黄化性状，同时叶绿素含量显著降低。

第13章　转基因金叶桦叶色变异及生长特性

通过分析 *BpGLK1* 转基因株系的叶色变异及生长特性，可以帮助我们更好地理解 *BpGLK1* 的基因功能。本章主要以转 *BpGLK1* 基因过表达株系、抑制表达株系（即转基因金叶桦）及野生型株系为试材，调查了试材在生长季中叶色、叶绿素含量、叶绿素荧光参数及生长性状的变化特征。

13.1　转基因金叶桦叶色变化规律

分别测定了 2 年生的转基因金叶桦（RE1~RE7）、*BpGLK1* 基因过表达株系（OE2、OE3 和 OE5）和野生型白桦（WT2、WT3）的叶色参数 L^*、a^* 和 b^*，结果表明，参试株系各时期的叶色参数 L^*、b^* 均大于 0，a^* 均小于 0。L^* 代表叶片亮度，观察发现 7 个 RE 的 L^* 在 45.48~54.13，3 个 OE 株系的 L^* 在 38.61~45.75，而 WT 株系的 L^* 主要集中在 41.07~48.95。从整体上看，OE 株系的 L^* 低于 WT 株系或差异不显著，RE 株系的 L^* 高于 WT 株系（表 13-1）。

a^* 代表红(+)绿(−)色轴饱和度，观察发现 7 个 RE 株系的 a^* 在 −18.44~−14.63，3 个 OE 株系的 a^* 在 −16.19~−10.98，WT 株系的 a^* 在 −16.32~−12.16。可以看出在早春 5 月 15 日~6 月 1 日，3 个 OE 株系与 WT 株系，7 个 RE 株系与 WT 株系间的 a^* 值均存在显著差异，而 6 月 15 日~7 月 1 日大部分 OE 株系、RE 株系与 WT 株系间的 a^* 值差异不明显（表 13-1）。

b^* 代表黄（+）蓝（−）色轴饱和度，观察发现 RE 株系的 b^* 在 24.44~40.13，OE 株系的 b^* 在 15.60~28.22，WT 株系的 b^* 在 20.76~29.53。整体上看，随着叶片的生长发育，5 月 15 日~7 月 1 日，各株系的 b^* 均呈现升高的趋势。而在同一时期，多数 RE 株系的 b^* 显著高于 WT 株系，说明 RE 株系的黄化程度较高。同一时期的多数 OE 株系 b^* 显著低于 WT 株系，说明 OE 株系的黄化程度较低（表 13-1）。

采用便携式叶绿素测定仪测定了参试株系的叶绿素含量变化。结果显示，RE 株系的叶绿素含量 *SPAD* 在 18.90~27.09，其中 RE1 和 RE7 的叶绿素含量始终最低。OE 株系的叶绿素含量 *SPAD* 在 23.62~41.27，WT 株系的叶绿素含量 *SPAD* 在 21.36~34.35。整体来看，同一时期的 OE 株系叶绿素含量显著高于 WT 株系，而 RE 株系的叶绿素含量大部分显著低于 WT 株系。同时也说明了 *BpGLK1* 基因的表达量影响了白桦叶片中叶绿素的含量（表 13-1）。

表 13-1 参试株系间不同时期 SPAD 和叶色参数比较

株系	L*				a*			
	5月15日	6月1日	6月15日	7月1日	5月15日	6月1日	6月15日	7月1日
WT2	41.07if	43.40g	44.06f	46.56d	−14.16d	−12.16b	−14.07a	−16.32bc
WT3	42.80e	44.64f	48.47c	48.95c	−14.33d	−13.28c	−14.65bc	−16.26bc
OE2	39.03hi	41.40i	44.51f	45.65d	−12.73c	−13.00c	−14.74bcd	−16.19bc
OE3	38.61i	40.84i	42.87g	44.02e	−10.98a	−11.60a	−13.59a	−15.11a
OE5	40.05g	42.05h	44.78f	45.75d	−12.16b	−12.12b	−14.72bcd	−16.11b
RE1	51.70a	50.76b	53.54a	55.09a	−18.42i	−16.65e	−16.79g	−17.37f
RE2	49.59b	50.86b	52.71a	55.19a	−17.41gh	−16.84e	−16.43fg	−16.42bcd
RE3	49.12b	48.47c	50.24b	53.87a	−16.38f	−14.79d	−15.58def	−16.97ef
RE4	45.86d	45.48e	45.54e	48.13c	−15.61e	−14.70d	−14.63bc	−16.52bcde
RE5	46.85cd	47.05d	48.57c	51.37b	−17.53h	−15.10d	−15.36cde	−16.66cde
RE6	47.07c	47.64d	47.00d	50.9b	−16.89fg	−15.09d	−15.73def	−16.84de
RE7	49.66b	51.62a	52.87a	54.13a	−18.44i	−16.48e	−15.96efg	−16.98ef

株系	b*				SPAD			
	5月15日	6月1日	6月15日	7月1日	5月15日	6月1日	6月15日	7月1日
WT2	21.86h	20.76f	24.70f	28.80fg	34.35b	29.22c	25.78a	23.00abc
WT3	23.29g	22.89e	27.98d	29.53ef	33.19b	30.91c	26.30a	21.36cd
OE2	17.99i	19.08g	24.28fg	27.40h	41.27a	35.02b	26.40a	23.62ab
OE3	15.60j	16.55i	22.98g	27.11h	40.27a	39.56a	25.90a	24.48a
OE5	17.23i	17.57h	25.18ef	28.22gh	39.69a	38.70a	26.85a	24.89a
RE1	34.74a	33.45a	37.55a	40.13a	23.28d	19.59e	20.49cd	21.45cd
RE2	33.74ab	33.05a	35.86b	38.01b	22.51d	19.39e	19.81d	21.39cd
RE3	27.70e	25.66c	30.31c	34.78c	26.00c	26.39d	22.80b	24.07ab
RE4	25.14f	24.44d	26.39e	30.25d	25.60c	26.63d	27.09a	23.37abc
RE5	32.14c	26.37c	30.44c	37.06b	25.79c	24.91d	21.74bc	21.98bcd
RE6	30.22d	27.88b	29.42c	32.91d	24.21cd	25.20d	22.03bc	20.76de
RE7	32.97bc	32.38a	35.54b	36.98b	25.78c	20.09e	18.90d	18.92e

注：SPAD 代表叶绿素相对含量，L*代表叶片亮度，a*代表红（+）绿（−）色轴饱和度，b*代表黄（+）蓝（−）色轴饱和度。不同字母代表达到显著差异水平（$P<0.05$）

RHS 比色卡测定的结果显示，7 个 RE 株系在 5 月 1 日～7 月 1 日，叶色均是黄绿色组的深黄绿色 144A、144B、144C 或 146 A、146B，OE 株系与 WT 株系的叶色在 5 月 1 日～7 月 1 日的差异不明显，但从整体上看 OE 株系与 WT 株系的叶色要比 RE 株系深（表 13-2）。

表 13-2　参试株系间不同时期叶色比较

株系	5月1日	5月15日	6月1日	6月15日	7月1日
WT2	黄绿色组 中等橄榄绿色 146A	绿色组 中等橄榄绿色 137B	绿色组 中等橄榄绿色 137A	黄绿色组 中等橄榄绿色 146A	绿色组 深黄绿色 143A
WT3	黄绿色组 中等橄榄绿色 146A	绿色组 中等橄榄绿色 137B	绿色组 中等橄榄绿色 137C	黄绿色组 深黄绿色 144A	绿色组 深黄绿色 143C
OE2	黄绿色组 中等橄榄绿色 146A	绿色组 中等橄榄绿色 137B	绿色组 淡灰橄榄绿色 NN137B	黄绿色组 深黄绿色 144A	黄绿色组 深黄绿色 144A
OE3	黄绿色组 中等橄榄绿色 146A	绿色组 淡灰橄榄绿色 NN137B	绿色组 淡灰橄榄绿色 NN137B	黄绿色组 中等橄榄绿色 146A	黄绿色组 深黄绿色 144A
OE5	黄绿色组 中等橄榄绿色 146A	绿色组 淡灰橄榄绿色 NN137B	绿色组 淡灰橄榄绿色 NN137B	黄绿色组 中等橄榄绿色 146A	黄绿色组 深黄绿色 144A
RE1	黄绿色组 深黄绿色 144A	黄绿色组 深黄绿色 144A	黄绿色组 深黄绿色 144A	黄绿色组 深黄绿色 144A	黄绿色组 深黄绿色 144A
RE2	黄绿色组 深黄绿色 144A	黄绿色组 深黄绿色 144A	黄绿色组 深黄绿色 144A	黄绿色组 深黄绿色 144A	黄绿色组 深黄绿色 144B
RE3	黄绿色组 深黄绿色 144A	黄绿色组 深黄绿色 144A	黄绿色组 深黄绿色 144A	黄绿色组 深黄绿色 144A	黄绿色组 深黄绿色 144A
RE4	黄绿色组 中等橄榄绿色 146A	黄绿色组 中等橄榄绿色 146A	黄绿色组 深黄绿色 144A	黄绿色组 深黄绿色 144A	黄绿色组 深黄绿色 144A
RE5	黄绿色组 深黄绿色 144A	黄绿色组 深黄绿色 144A	黄绿色组 深黄绿色 144A	黄绿色组 深黄绿色 144A	黄绿色组 深黄绿色 144A
RE6	黄绿色组 中等橄榄绿色 146 A	黄绿色组 中等橄榄绿色 146B	黄绿色组 深黄绿色 144A	黄绿色组 深黄绿色 144A	黄绿色组 深黄绿色 144A
RE7	黄绿色组 深黄绿色 144A	黄绿色组 深黄绿色 144A	黄绿色组 深黄绿色 144A	黄绿色组 深黄绿色 144A	黄绿色组 深黄绿色 144C

13.2　转基因金叶桦叶片超微结构观察

取 *BpGLK1* 过表达株系 OE2、抑制表达转基因株系 RE1 及野生型株系 WT3 的功能叶片，制备超薄切片。采用透射电子显微镜对上述株系的超微结构进行观察发现（图 13-1），OE2 过表达株系的叶绿体超微结构中基粒和基质片层的厚度与 WT3 株系没有明显差异，而淀粉粒的含量却明显增加。RE1 抑制表达株系的叶绿体超微结构与 *yl* 株系相似，与 WT3 株系对照株系相比，叶绿体中类囊体堆叠结构明显变薄，淀粉粒变小。这些结构说明 *BpGLK1* 基因参与植物叶片中的叶绿体发育，白桦该基因的低量表达或不表达可导致类囊体堆叠结构变薄，碳水化合物合成减弱。

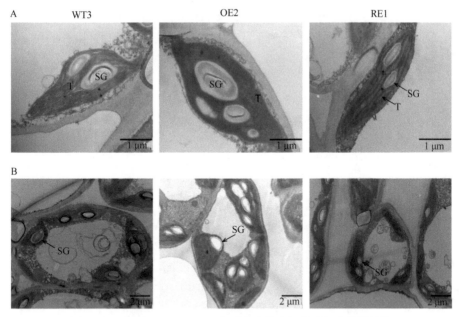

图 13-1　WT3、OE2 及 RE1 株系叶片的叶绿体及细胞超微结构

A. WT3、OE2 及 RE1 株系叶片的叶绿体结构；B. WT3、OE2 及 RE1 株系叶片的细胞结构；SG. 淀粉粒；T. 类囊体

13.3　转基因金叶桦生长特性

分别测定了 2 年生的转基因金叶桦（RE1～RE7）、*BpGLK1* 基因过表达株系（OE2、OE3、OE5）和野生型对照株系（WT2、WT3）在 5 月 1 日～7 月 1 日的苗高生长。如表 13-3 所示，5 月 1 日～6 月 1 日苗木生长缓慢，而从 6 月 1 日～7

表 13-3　参试株系间苗高生长比较　　　　　　　　　　　（单位：cm）

株系	5 月 1 日	5 月 15 日	6 月 1 日	6 月 15 日	7 月 1 日
WT2	54.27±1.37cd	58.22±1.47c	66.10±1.31d	82.03±1.37e	100.27±1.84ab
WT3	57.28±1.28c	61.87±1.31c	69.48±1.28d	81.30±1.21e	95.03±1.40a
OE2	47.27±2.06e	58.02±1.79c	75.22±2.06c	101.72±1.80bc	127.86±2.11e
OE3	65.83±1.01b	72.13±0.99b	83.47±1.08b	105.58±1.42b	135.40±1.51e
OE5	53.15±2.01cd	61.55±1.86c	74.95±1.81b	100.25±1.80c	127.31±1.82f
RE1	21.42±0.88h	30.58±1.03e	44.53±1.01f	69.57±1.24f	96.17±1.71e
RE4	27.00±1.86g	43.12±2.16d	66.10±2.43d	97.57±2.03c	125.27±2.11bc
RE2	38.87±1.75f	42.67±1.79d	52.92±2.04e	70.18±2.86f	95.00±3.74bc
RE3	49.13±2.49de	58.75±2.06c	70.83±1.98cd	92.00±1.98d	116.32±4.26e
RE5	77.55±1.85a	84.07±1.70a	93.82±1.71a	111.30±1.72a	132.70±1.54d
RE6	12.60±1.14i	18.87±1.31f	28.45±1.32g	42.48±1.27g	62.10±1.59c
RE7	69.68±2.44b	76.08±2.11b	87.18±1.93c	105.93±2.06b	127.24±2.56bc

注：不同字母代表达到显著差异水平（P＜0.05），数值为平均值±标准差

月 1 日苗木生长迅速。在整个生长季 5 月 1 日～7 月 1 日，OE 株系的大部分苗高生长高于 WT 株系，RE 株系与 WT 无明显差别，说明转基因金叶桦的生长没有受到严重影响。

13.4 转基因金叶桦 T-DNA 整合的分子特征

由于 RE7 株系叶片中的 *BpGLK1* 表达量最低，并且叶绿素含量也较低，并且金叶表型稳定，因此选取 RE7 株系的幼嫩叶片进行基因组重测序，经过与 pFGC5941 载体和白桦基因组进行比对，共检测到 2 个插入位点，分别位于 Chr10 上的 19 950 109～19 950 410 和 17 213 911 位点。Chr10 上的 19 950 109～19 950 410 位点可以用基因组引物 Fg22-2-Chr10：5′-CTCAACTACTCTTAGAAGCACGAC-3′ 为上游引物，载体引物 Zg22-2-p4818：5′-GAAGTGCAGGTCAAACCTTG-3′为下游扩增出条带，并且该位点是 RE7 特有的位点，而其他转基因株系（如 RE1 和 RE3）不能扩增出条带（图 13-2）。

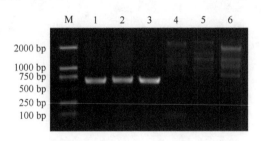

图 13-2　RE7 株系分子特征 PCR 电泳图谱

M. DNA Marker DL2000；1～3. RE7 的 3 个独立植株；4. 水；5. RE1；6. RE3

13.5 小　　结

对 3 个 *BpGLK1* 基因过表达和 7 个抑制表达株系的叶绿素含量、叶色变化情况进行调查。发现在 5 月 1 日～7 月 1 日生长发育阶段，2 年生过表达转基因株系的叶绿素含量仍然高于野生型白桦，表现为叶色加深。转基因金叶桦的叶绿素含量低于野生型白桦，表现为叶色黄化，RE7 表现极为明显，说明 2 年生的转基因金叶桦叶色性状较为稳定，可用于作园林绿化树木。叶绿体观察发现，过表达株系叶绿体中淀粉粒变多变大，而抑制表达株系与 *yl* 株系表现相似，叶绿体中类囊体变少，淀粉粒变少变小。说明 *BpGLK1* 基因参与调控白桦的叶色及叶绿体发育。此外，通过对 RE7 的插入位点进行分析，鉴定到一个其特有的位点，可作为 RE7 的分子标签用于鉴定 RE7 株系。

第 14 章　转基因金叶桦基因表达特性研究

先前研究已经证明，白桦 *BpGLK1* 基因纯合缺失及干扰表达均会引起叶片叶绿素含量降低、叶片呈黄绿色或黄色。为了探索 *BpGLK1* 在白桦中的调控机制，本章以转 *BpGLK1* 白桦为试材，基于转录组测序的差异基因分析及蛋白质组学分析研究 *BpGLK1* 基因表达量改变所引起的相关基因表达量的变化，为 BpGLK1 转录因子参与调控的下游靶基因研究提供依据。

14.1　转基因金叶桦转录组学分析

14.1.1　测序质量分析

为了探索 *BpGLK1* 基因对基因转录水平表达量的影响，对 3 个 *BpGLK1* 过表达株系 OE2、OE3、OE5，2 个 *BpGLK1* 抑制表达株系 RE1、RE2 及野生型 WT3 株系的功能叶片进行 RNA-seq 测序。收集 3 个过表达株系 OE2、OE3、OE5，2 个过表达株系 RE1、RE2 及野生型非转基因株系 WT3 的功能叶片，每个株系选取 3 棵单株，即 OE2-1、OE2-2、OE2-3、OE3-1、OE3-2、OE3-3、RE1-1、RE1-2、RE1-3、RE2-1、RE2-2、RE2-3、WT3-1、WT3-2、WT3-3 共 15 个样品，每个单株摘取 3 个叶片混样。采用 RNA 提取试剂盒提取上述样品的总 RNA。使用 Nanodrop、Qubit 2.0、Aglie 2100 及 1%琼脂糖凝胶电泳检测 RNA 样品的纯度、浓度及完整性均合格后。使用 Illumina HiSeq4000 对构建好的文库进行高通量测序，测序读长为 PE125。对测序获得 raw reads 进行过滤，共得到约 136 Gb 的 clean reads，平均每个样品约为 7.6 Gb。然后使用 TopHat2 软件将 clean reads 与白桦参考基因组进行比对，比率高达 91.26%~93.84%（表 14-1），说明测序质量较高，结果可靠。

14.1.2　差异表达基因分析

采用 RPKM（reads per kilobase per million mapped reads）作为转录本或基因表达水平的指标，使用 edgeR 软件（Robinson et al.，2010）对野生型与过表达株系，野生型与抑制表达株系间的差异表达基因进行检测。以 FDR$\leqslant$0.01，$\log_2$FC$\geqslant$1 和 $\log_2$CPM$\geqslant$1 作为筛选标准。结果发现差异表达基因在 *BpGLK1* 过表达株系中

表 14-1　RNA-seq 测序信息

样品名称	reads 数/个	碱基数/个	mapped reads 数/个	mapped 比率/%
OE2-1	30 507 186	7 687 810 872	28 603 388	93.76
OE2-2	31 303 895	7 888 581 540	29 072 044	92.87
OE2-3	31 878 404	8 033 357 808	29 399 748	92.22
OE3-1	30 163 156	7 601 115 312	28 201 000	93.49
OE3-2	30 662 767	7 727 017 284	28 605 112	93.29
OE3-3	29 695 983	7 483 387 716	27 527 372	92.70
OE5-1	29 784 867	7 505 786 484	27 180 668	91.26
OE5-2	26 640 520	6 713 411 040	24 494 546	91.94
OE5-3	27 980 357	7 051 049 964	26 023 284	93.01
RE1-1	30 055 258	7 573 925 016	27 504 828	91.51
RE1-2	30 407 673	7 662 733 596	28 052 279	92.25
RE1-3	30 971 899	7 804 918 548	28 381 041	91.63
RE2-1	28 232 166	7 114 505 832	26 376 943	93.43
RE2-2	29 918 005	7 539 337 260	27 878 647	93.18
RE2-3	30 044 942	7 571 325 384	27 809 095	92.56
WT3-1	31 252 136	7 875 538 272	29 327 630	93.84
WT3-2	29 860 359	7 524 810 468	27 919 866	93.50
WT3-3	32 032 716	8 072 244 432	29 800 284	93.03

主要呈上调表达趋势。通过分析过表达转基因株系与 WT3 株系的基因表达量，共筛选到 883 个差异基因，其中 546 个基因表达量上调，337 个基因表达量下调。而在 *BpGLK1* 抑制表达株系中，共筛选到 1553 个差异表达基因，包括 638 个上调表达的基因和 915 个下调表达的基因，可以看出在抑制表达株系中呈下调趋势的基因较多（图 14-1）。这些结果说明 BpGLK1 在白桦中很可能是作为转录激活因子发挥功能。

14.1.3　差异表达基因 GO 富集分析

为了进一步分析 *BpGLK1* 基因的分子功能，对差异表达基因进行了 GO 富集分析。结果显示，与光合作用相关的 GO 生物进程在 *BpGLK1* 抑制表达株系中被显著富集（表 14-2）。光合作用-光系统 I 捕光（photosynthesis-light harvesting in photosystem I，GO：0009768），光合作用-捕光（photosynthesis-light harvesting，GO：0009765），以及光合作用-光反应（photosynthesis，light reaction，GO：0019684）在 *BpGLK1* 抑制表达株系中分别富集了 13.79、8.74 和 5.68 倍（表 14-2）。然而这些与光合作用相关的 GO 生物学进程却没有在 *BpGLK1* 过表达株系中富集。

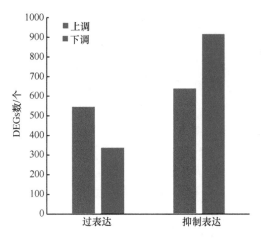

图 14-1　*BpGLK1* 过表达和抑制表达转基因株系中上调和下调的差异表达基因数目

表 14-2　*BpGLK1* 抑制表达株系与 WT3 株系差异表达基因的 GO 富集

GO 生物学进程	基因数/个	富集倍数	FDR
光合作用-光系统 I 捕光（GO: 0009768）	14	13.79	5.80E–08
光合作用-捕光（GO: 0009765）	17	8.74	1.54E–07
光合作用-光反应（GO: 0019684）	30	5.68	7.58E–10
光合电子传递链（GO: 0009767）	10	5.25	6.68E–03
光合作用（GO: 0015979）	46	4.69	8.68E–13
卟啉化合物代谢过程（GO: 0006778）	11	3.61	3.94E–02
前体代谢物质和能量的产生（GO: 0006091）	37	2.42	5.68E–04

注: 检验类型 FISHER

然后我们提取了与光合作用相关生物学进程中的基因表达量, 结果发现, 这些基因在抑制表达株系中下调表达, 但在过表达株系中的表达量表现为没有变化或微微提高。

14.2　转基因金叶桦蛋白质组学分析

14.2.1　蛋白质组学测序质量分析

分别收集了 3 个抑制表达株系 RE1、RE2、RE3 及 WT3 株系的功能叶片, 每个株系选取 3 棵单株, 即 RE1-1、RE1-2、RE1-3、RE2-1、RE2-2、RE2-3、RE3-1、RE3-2、RE3-3、WT3-1、WT3-2、WT3-3 共 12 个样品, 每个单株摘取 3 个叶片混样。采用 Wisniewski 等（2009）方法提取叶片总蛋白, 提取的总蛋白溶液进行 Bradford 定量, 取 30 μg 总蛋白, 通过 SDS-PAGE 电泳检测总蛋白的质量。然后经酶解和脱盐后通过 Q Exactive HF-X 质谱平台进行分析。

从质谱下机的数据根据白桦参考基因组蛋白数据库进行搜索。保留可信度在95%以上的谱肽和蛋白质，同时去除掉 FDR＞5% 的肽段和蛋白质。使用 Proteome Discoverer 2.2 软件根据原始下机的谱图峰面积可以得到每个谱肽的相对定量值，再根据鉴定出的 unique 肽段中所包含所有谱肽的定量信息，校正得到 unique 肽段的相对定量值，最后再根据每个蛋白质包含的所有 unique 肽段的定量信息，校正得到每个蛋白质的相对定量值。过滤掉 FDR＞5% 的肽段和蛋白质，共鉴定到了36 619 个肽段，6129 个蛋白质。根据每个蛋白质包含的所有 unique 肽段的定量信息得到其相对定量值。然后利用变异系数（标准差与均值的比值：coefficient of variance，CV）来衡量 WT3 和 RE1 株系的各样品观测值的变异程度，可以反映所获得数据的离散程度，从而判定样品重复性的优劣。CV 的值越小说明 1 个株系的 3 个样品间重复性越好。从图 14-2 可以看出，WT3 和 RE1 株系样品的曲线均上升较快，说明样品间的重复性较好。

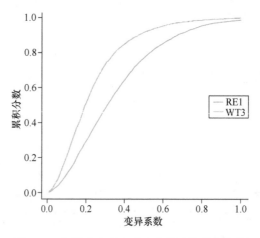

图 14-2　各样本中所有蛋白变异系数的累积图

14.2.2　差异表达蛋白分析

首先分别计算在 WT3 和 RE 株系的 3 个生物重复样品 WT3-1、WT3-2、WT3-3，以及 RE1-1、RE1-2 和 RE1-3 中每个蛋白质定量值的均值，然后将 RE1 与 WT3 株系每个蛋白质定量均值的比值作为差异倍数（FC）。同时将每个蛋白质在 RE1 与 WT3 样品中的相对定量值进行 t 检验，并计算相应的 P。同时筛选 FC≤5% 并且 P≤0.05 的蛋白质为下调表达蛋白。然后根据每个样品中蛋白质相对含量进行聚类分析，利用聚类热图观察不同蛋白质在 RE1 和 WT3 株系间上调和下调表达的情况。并对每行进行了 Z 值[(观测值−行均值)/行标准差]校正。结果如图 14-3

所示，可以看出 3 个生物学重复样品间的各蛋白质表达趋势基本一致。

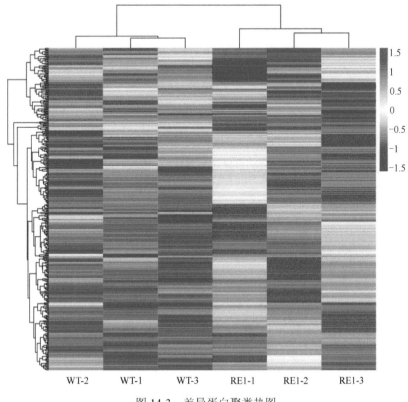

图 14-3　差异蛋白聚类热图

14.2.3　差异表达蛋白 GO 富集分析

　　根据 Gene Ontology 数据库对 RE1 与 WT3 株系之间所有的差异蛋白进行富集分析。通过 P 进行校正，结果显示，RE1 与 WT3 株系的差异表达蛋白显著富集到碳水化合物代谢进程（carbohydrate metabolic process，GO：0005975），过氧化物酶活性（peroxidase activity，GO：0004601），光刺激响应（response to light stimulus，GO：0009416）和氧化应激反应（response to oxidative stress，GO：0006979）这 4 个途径。其中，碳水化合物代谢进程是富集最显著的进程，说明 RE1 与 WT3 株系直接的差异主要表现在碳水化学合成代谢这一过程（表 14-3）。

14.2.4　光合相关蛋白质表达量

　　为了分析光合相关蛋白质表达量的变化情况，将转录组中 *BpGLK1* 抑制表达株系与 WT3 株系差异表达光合相关的基因 ID 提取出来，分析这些基因的蛋白质

表 14-3 *BpGLK1* 抑制表达株系 RE1 与 WT3 株系差异表达蛋白的 GO 富集

GO_ID	GO 生物学进程	*P*
GO: 0005975	碳水化合物代谢进程	0.00
GO: 0004601	过氧化物酶活性	0.02
GO: 0009416	光刺激响应	0.02
GO: 0006979	氧化应激反应	0.03
GO: 0004553	水解酶活性，水解邻糖基化合物	0.06
GO: 0050896	刺激反应	0.06
GO: 0004555	α,α-海藻糖酶活性	0.06
GO: 0006950	应激反应	0.14
GO: 0044723	单生物碳水化合物代谢过程	0.14
GO: 0046983	蛋白质二聚化活性	0.14

表达量。结果发现，在转录水平呈现下调表达的基因，大部分在蛋白质水平也表现为下调表达的趋势（附表 2）。说明这些与光合相关的基因的表达量在转录水平和蛋白质水平均受到了影响。

14.3 小　　结

对 3 个过表达株系 OE2、OE3、OE5，2 个过表达株系 RE1、RE2，以及野生型非转基因株系 WT3 的功能叶片进行转录组测序，共得到约 136 Gb 的 clean reads，平均每个样品约为 7.6 Gb。对 3 个抑制表达株系 RE1、RE2、RE3 及野生型非转基因株系 WT3 的功能叶片进行蛋白质组学测序，共鉴定到了 36 619 个肽段，6129 个蛋白质。分析发现，*BpGLK1* 表达量的改变主要影响了光合作用和碳水化合物代谢过程，其中转录水平的差异表达基因主要富集在光合作用-捕光进程中，而蛋白质组水平的差异表达蛋白主要富集在碳水化合物代谢进程中，说明 *BpGLK1* 基因主要是调控一些与光合作用和碳水化合物代谢过程相关基因的表达。

第15章　BpGLK1调控的下游靶基因预测

15.1　转录组及蛋白质组学预测下游靶基因

根据转录组测序数据和蛋白质组学分析数据，筛选找到 17 个基因在 *BpGLK1* 抑制表达株系的转录水平和蛋白质水平均呈下调表达趋势，其中包括 8 个参与合成光合作用-捕光天线蛋白的基因、5 个参与合成光系统 I 和光系统 II 组成蛋白的基因、4 个参与叶绿素合成途径的基因（表 15-1），推测上述基因很可能就是 BpGLK1 的下游靶基因。

表 15-1　*BpGLK1* 抑制表达株系中呈下调表达基因

基因分类	序号	基因编码蛋白名称
光合作用-捕光天线蛋白	（1）	捕光天线蛋白 Lhca2
	（2）	捕光天线蛋白 Lhca3
	（3）	捕光天线蛋白 Lhcb1.3
	（4）	捕光天线蛋白 Lhcb1.4
	（5）	捕光天线蛋白 Lhcb3
	（6）	捕光天线蛋白 Lhcb4.2
	（7）	捕光天线蛋白 Lhcb5
	（8）	捕光天线蛋白 Lhcb6
光系统 I 和光系统 II 组成蛋白	（9）	光系统 I 亚基 PsaK
	（10）	光系统 I 亚基 PsaN
	（11）	光系统 I 反应中心亚基 PsaG
	（12）	光系统 I 反应中心亚基 PsaH
	（13）	光系统 II 修复蛋白 PSB27-H1
叶绿素合成相关酶及蛋白质	（14）	谷氨酰-tRNA 还原酶 HEMA1
	（15）	镁离子螯合酶亚基 CHLH
	（16）	四吡咯结合蛋白 GUN4
	（17）	镁原卟啉 IX 单酯环化酶 CRD1

15.2　ChIP-PCR 验证下游靶基因

进而以采用 ChIP-PCR 技术对 *BpGLK1* 基因与上述基因关系进行验证。根据转录组测序和蛋白质组测序的结果筛选出 17 个基因，在这些基因启动子上，起始密码子上游约 500 bp 内设计引物，以获得的 Input、Mock 和 ChIP 样品作为模板进行 PCR。17 个基因的 ID 及引物序列见表 15-2。结果显示，BpGLK1 蛋白可以直接结合到这 17 个基因的启动子区（图 15-1），从而调控这些基因的表达量。

表 15-2　ChIP-PCR 中基因 ID 和引物序列

基因名称	正向引物（5'-3'）	反向引物（5'-3'）
（1）Bpev01.c0052.g0108.m0001	GCCTAAAGTTGGTCGTGTAAACA	CCATCAACCGGGAATCTATACTG
（2）Bpev01.c0243.g0056.m0001	GATATAGAGGCCGGCACGTG	TGCGTTGCCATTTCCTTCTTC
（3）Bpev01.c0362.g0012.m0001	AGTGATATTCTCGATCTCATCTAACAC	AAGCAGCCATTGGTTTGAAAG
（4）Bpev01.c0264.g0036.m0001	TGTGTTGGACGAGTTATATCGAGA	TCAGATTACACTAACCACTATTTGGAT
（5）Bpev01.c1138.g0008.m0001	GGGCTTAGCGAAATGTGCATG	ACATTAGGGGAATGTTACGTTGATG
（6）Bpev01.c0190.g0044.m0001	GCTATTCTTTCGTGGTCCAAATATAG	TGGCAGCCATGGCGTTGG
（7）Bpev01.c0080.g0094.m0001	ACACATAAGACATGGAGCACAG	GTGGAATGCGTAATCCTATGAAAC
（8）Bpev01.c1475.g0007.m0001	CCGGTGGACAATACAAGCAAC	TGAGGGAATAATGTGAGAGATTCG
（9）Bpev01.c0355.g0003.m0001	GAGTGATTTGGGTACTAGAGCAC	GAATGCGAGACTTGGATACACTTG
（10）Bpev01.c0906.g0022.m0001	GTGTCATTTGGGTAACTGGTTCT	GGAGTGTGGATAAGGTGAGATTG
（11）Bpev01.c0667.g0020.m0001	TCGGATGGGATTCAAAGTGTG	GCGTCTGACTCCAGATCAGAAG
（12）Bpev01.c1116.g0009.m0001	CAAGTATTACACATATTAGTTCATAGGACT	CACATGGATGATCGCTGGATAAG
（13）Bpev01.c3100.g0003.m0001	GTCCATCATAGACTGCTACAATCAG	GCCATGGCATACTTAATTCACTTC
（14）Bpev01.c0161.g0083.m0001	GTCATCCATTGGCATACAGATAGAG	GTGAGTGGATCCCACTTTATTGA
（15）Bpev01.c0029.g0111.m0001	CCACTGCAGCCAATCAGAATC	AAGAACTGAGAACTGGAACTGTC
（16）Bpev01.c0968.g0009.m0001	AAGATATGATACGTTCAGTTTGTTCC	CGGAAGATAAGAAACGAGTGAAGAG
（17）Bpev01.c1526.g0001.m0001	GTGAAAGGTAGACGACAAGCTTAG	GGGAAGGGATAAGATGTTGTTCAC

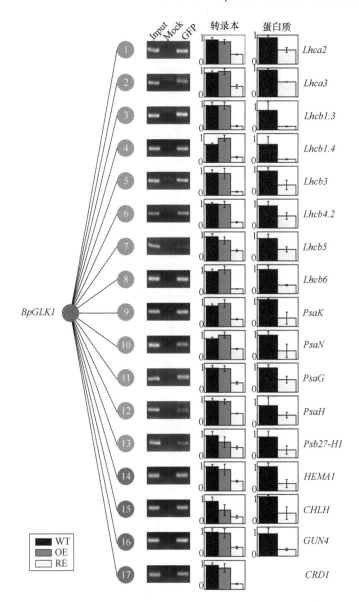

图 15-1　*BpGLK1* 直接与一些光合相关的基因作用并调控其表达

1~8. 8 个靶基因编码捕光天线蛋白；9~13. 5 个靶基因编码光系统 I 和 II 核心复合体蛋白；14~17. 4 个靶基因参与叶绿素合成；Input、Mock 和 GFP 分别代表以免疫沉淀前的染色质，未加 GFP 抗体的染色质免疫沉淀和加入 GFP 抗体的染色质免疫沉淀作为模板到的 PCR 反应；WT. 过表达株系和抑制表达株系转录本和蛋白质的表达量分别是通过 RNA-seq 和蛋白质组学测序的结果

15.3　小　　结

本研究中发现 BpGLK1 蛋白在细胞核中起到转录激活因子的作用，可以直接

与参与光捕获天线复合物，PSI 和 PSII 的亚基及叶绿素生物合成的相关基因启动子结合。研究表明，捕光天线复合体蛋白、叶绿素生物合成相关酶及 PSI 和 PSII 的亚基组成蛋白均是在细胞核中合成，然后被转运到叶绿体中（Cline，1986）。*BpGLK1* 表达量的缺失或减少使得这些核编码基因的转录水平降低，同样，蛋白质水平表达量也降低。基粒是陆生植物叶绿体中堆积的类囊体结构，光系统 II 及其主要的叶绿素 a/b 结合蛋白捕光复合体（LHCII）主要集中在堆积的基粒中，光系统 I 及其相关的叶绿素 a/b 结合蛋白捕光复合体（LHCI）主要集中在基质片层中（Mullineaux，2005），若转运到叶绿体中基粒片层和基质片层相关的蛋白质量减少的话，将会影响叶绿体的发育。而叶绿素合成相关酶的低表达会使得合成的叶绿素含量减少（图 15-2）。

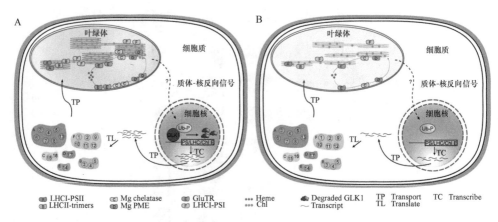

图 15-2　BpGLK1 转录因子调控叶绿体发育及叶绿素合成模型

A. 野生型白桦；B. *yl* 株系；1～17. 基因 ID 见表 15-2；PS. 光系统；LHC. 捕光天线蛋白；Chl E. 叶绿素生物合成相关酶；Ub-P. 泛素蛋白酶系统；Mg PME. 镁原卟啉甲酯环化酶；Glu TR. 谷酰-tRNA 还原酶

研究表明，光敏色素可以调控光响应基因，包括叶绿素合成及光合作用相关基因的转录（Liu et al.，2013）。Waters 证明了 PhyB 与 BpGLK1 对光合相关基因的调控是相独立的 2 个进程（Waters et al.，2009）。因此，当 *BpGLK1* 基因缺失时，其下游靶基因虽然下调表达，但还具有一定的表达量。

高等植物的质体基因组是一个小型的环状 DNA，仅编码少于 100 种的蛋白质（Green，2011）。而剩余的叶绿体发育与功能所需的约 3000 种蛋白质都是由核基因组编码并转运至叶绿体中的（Leister，2003）。当质体受到损伤时，质体会向细胞核传递反向调控信号，而反向信号的传导在协调质体与核基因的表达中起了关键的作用。细胞核中有许多转录因子可以通过调节叶绿体蛋白质的表达而参与质体-核反向信号传导途径（Nott et al.，2006）。*ABI4* 基因编码一个调控糖与 ABA 途径光合作用相关核基因的转录因子，被证实参与质体反向信号的传导（Acevedo-Hernandez et al.，2005）。另外也有研究报道，GLK 转录因子对质体反向行信号极其敏感,可以通过调控其基因下游靶基因来响应质体反向信号(Waters et al.,2009)。

　　本研究中,对白桦 *BpGLK1* 过表达株系的转录组分析发现,尽管 *BpGLK1* 的转录水平表达量明显增加,但 BpGLK1 调控的光合相关等下游基因的表达量却没有显著升高,因此,推测 *BpGLK1* 过表达株系中过量表达的 BpGLK1 蛋白可能被降解了。类似的结果在番茄中也有报道,Tang 将 35S 启动子驱动,FLAG 标记的 SlGLK2 转化番茄原生质体,然后通过 Western 杂交检测 SlGLK2-FLAG 融合蛋白,结果发现几乎是检测不到该蛋白说明该在细胞中迅速地被降解。然而当加入蛋白酶特异性抑制剂 MG132 时,该蛋白的表达量显著增高了,而且形成了多泛素化的 SlGLK2-FLAG 蛋白(Tang et al.,2016)。拟南芥中也曾报道过,泛素蛋白酶系统(Ub-P)可以降解过多的 GLK 蛋白从而来响应质体信号,GLK 蛋白的减少会引起下游靶基因表达量降低(Tokumaru et al.,2017)。据此,推测 BpGLK1 蛋白的累积很可能是受质体逆行信号传导调控的(图 15-2),因此,在 *BpGLK1* 过表达株系的转录组中其调控的光合相关等下游基因的表达量与野生型白桦差异不显著。

参 考 文 献

曹昌翔, 徐小红, 吴佳炳, 等. 2017. 水稻黄绿叶基因 *YGLOSH* 的定位克隆. 复旦学报(自然科学版), 56(06): 645-652.

常青山, 陈发棣, 滕年军, 等. 2008. 菊花黄绿叶突变体不同类型叶片的叶绿素含量和结构特征比较. 西北植物学报, (09): 1772-1777.

陈敏, 李海云. 2010. 不同光周期对茄子幼苗生长的影响. 北方园艺, (16): 53-55.

陈善福, 舒庆尧, 吴殿星, 等. 1999. 利用 γ 射线辐照诱发水稻龙特甫 B 叶色突变. 浙江大学学报(农业与生命科学版), (06): 10-13.

程红亮, 陈甲法, 丁俊强, 等. 2011. 一个玉米叶色突变体的遗传分析与基因定位. 华北农学报, 26(03): 7-10.

樊双虎, 郭文柱, 路小铎, 等. 2014. 玉米 EMS 突变体库构建及突变体初步鉴定. 安徽农业科学, 42(11): 3162-3165, 3185.

高明辉, 吴汇元, 周兆平, 等. 2012. 夜间照明对紫丁香光合作用的影响. 吉林林业科技, 41(05): 7-10, 22.

高志勇, 谢恒星, 刘楠楠, 等. 2016. 玉米 Mutator 转座子的结构特征与作用性质. 玉米科学, 24(02): 47-50.

郭建秋, 雷全奎, 杨小兰, 等. 2010. 植物突变体库的构建及突变体检测研究进展. 河南农业科学, (06): 150-155.

郭士伟, 张云华, 金永庆, 等. 2003. 小白菜(*Brassica chinensis* L.)黄苗突变体的叶绿素荧光特性. 作物学报, (06): 958-960.

何冰, 刘玲珑, 张文伟, 等. 2006. 植物叶色突变体. 植物生理学通讯, 42(1): 1-9.

黄永韬, 杨好珍, 黄永芳, 等. 2012. 不同遮阴处理对 3 种茶花生理特性的影响. 广东林业科技, 28(05): 16-21.

黄忠凯. 2017. 光周期对芥蓝生长发育的影响及相关基因的表达分析. 福州: 福建农林大学硕士学位论文.

景晓阳, 吴殿星, 舒庆尧, 等. 1999. ⁶⁰Co-γ 射线诱发的籼型温敏核不育水稻叶色突变系变异分析. 作物学报, (01): 64-69.

李冬梅, 谭秋平, 高东升, 等. 2014. 光周期对休眠诱导期桃树光合及 PSII 光系统性能的影响. 应用生态学报, 25(07): 1933-1939.

李玮, 于澄宇, 胡胜武. 2007. 芥菜型油菜叶片黄化突变体的初步研究. 西北农林科技大学学报(自然科学版), (09): 79-82, 89.

李音音, 于泽源, 李兴国, 等. 2013. 叶色黄化突变体甜瓜叶片叶绿素含量与抗氧化酶活性及膜脂过氧化程度的研究. 中国果树, (06): 23-26.

李云, 康洪, 余后理, 等. 2007. 叶色标记在水稻育种及种子纯度鉴定上的应用进展. 江西农业学报, (06): 12-14, 18.

李志遐, 张海扩, 曹家树, 等. 2005. 拟南芥激活标记突变体库的构建及突变体基因的克隆. 植物生理与分子生物学学报, (05): 499-506.

林宏辉, 杜林方, 贾勇炯, 等. 1997. 野生和黄化大麦类囊体膜色素蛋白的分离和比较. 西北植物学报, (01): 34-38.

林添资, 孙立亭, 景德道, 等. 2018. 一个水稻黄绿叶突变体 *ygl14(t)* 的鉴定及基因定位. 核农学报, 32(02): 216-226.

刘慧, 刘贯山, 刘峰, 等. 2014. 烟草 T-DNA 插入位点侧翼序列扩增方法的筛选与优化. 中国烟草科学, 35(01): 96-101, 107.

刘俊芳, 张佳, 李贺, 等. 2017. 植物 GOLDEN2-Like 转录因子研究进展. 分子植物育种, 15(10): 3949-3956.

刘玲, 刘福妹, 陈肃, 等. 2013. 转 *TaLEA* 小黑杨矮化突变体的鉴定及侧翼序列分析. 北京林业大学学报, 35(01): 45-52.

刘梦洋, 卢银, 赵建军, 等. 2014. 大白菜叶色突变体的 HRM 鉴定及其叶绿素荧光参数分析. 园艺学报, 41(11): 2215-2224.

刘庆. 2015. 不同光周期及光质对草莓生理特性及品质的影响. 泰安: 山东农业大学硕士学位论文.

刘文芳. 2012. 光环境调控对冬青组织培养的影响. 南京: 南京农业大学硕士学位论文.

马凤翔, 陈晓阳. 2007. 低能离子束物理诱变技术在林木和园艺花卉育种中的应用. 世界林业研究, (01): 38-42.

马华升, 姚艳玲, 忻雅, 等. 2008. 大花惠兰组培苗中叶色突变体的获得与 DNA 鉴定. 浙江农业学报, (03): 149-153.

马志虎, 颜素芳, 沈晓昆, 等. 2002. 叶色标记技术在辣椒纯度鉴定及雄性不育中的应用前景. 中国辣椒, (01): 15-18.

聂珍臻, 藤健, 和太平, 等. 2018. 美丽兜兰对光照强度的适应性. 福建林业科技, 45(04): 23-27.

牛庆丰. 2016. 梨花芽休眠转换的分子网络及调控机制. 杭州: 浙江大学博士学位论文.

彭波, 徐庆国, 李海林, 等. 2007. 农作物化学诱变育种研究进展. 作物研究, (S1): 517-519, 524.

平步云, 赵军, 安丽君. 2016. 拟南芥叶色突变体 *F03-06* 的筛选及突变基因的克隆. 湖北农业科学, 55(21): 5664-5667.

茹广欣, 刘小囡, 朱秀红, 等. 2017. 泡桐黄化突变体生理特性分析. 南京林业大学学报(自然科学版), 41(04): 181-185.

邵勤, 于泽源, 李兴国, 等. 2013. 薄皮甜瓜叶色黄化突变体的农艺性状调查及红外光谱分析. 东北农业大学学报, 44(07): 106-111, 161.

谭河林, 覃宝祥, 李云, 等. 2014. 油菜叶色突变种质资源筛选与遗传特征初步分析分子植物育种, 12(06): 1139-1147.

王平荣, 张帆涛, 高家旭, 等. 2009. 高等植物叶绿素生物合成的研究进展. 西北植物学报, 29(03): 629-636.

王荣纳. 2013. 玉米 Mu 转座子插入位点分离及白化突变体基因定位初探. 保定: 河北农业大学硕士学位论文.

韦秋梅. 2018. LED 不同光质及光周期对山白兰苗木生长及光合特性的影响. 南宁: 广西大学硕士学位论文.

吴军, 陈佳颖, 赵剑, 等. 2012. 2 个水稻温敏感叶色突变体的光合特性研究. 中国农学通报, 28(21): 16-21.

冼康华, 苏江, 黄宁珍, 等. 2019. 光调控对金线莲生长发育的影响. 广西科学院学报, 35(01): 36-44.

肖华贵, 杨焕文, 饶勇, 等. 2013. 甘蓝型油菜黄化突变体的光合特性及叶绿素荧光参数分析. 作物学报, (03): 520-529.

薛欢, 朱梅, 房海灵, 等. 2018. 光周期对金银花叶片光合特性和抗氧化酶活性的影响. 江苏林业科技, 45(04): 13-16.

严晓芦, 郭巧生, 史红专, 等. 2019. 光照强度对紫花地丁生长、生理及化学成分的影响. 中国中药杂志, 44(06): 1119-1125.

杨冲, 张扬勇, 方智远, 等. 2014. 甘蓝叶色黄化突变体 YL-1 的光合生理特性及其叶绿体的超微结构. 园艺学报, 41(06): 1133-1144.

杨虎彪, 刘国道. 2017. 不同光照强度对幼龄期鹧鸪茶生长的影响. 热带作物学报, 38(11): 2056-2059.

杨伟峰. 2012. Mutator 转座子介导的玉米叶色突变体侧翼序列的克隆及遗传分析. 保定: 河北农业大学硕士学位论文.

杨小苗, 吴新亮, 刘玉凤, 等. 2018. 一个番茄 EMS 叶色黄化突变体的叶绿素含量及光合作用. 应用生态学报, 29(06): 1983-1989.

杨延杰, 李天来, 林多, 等. 2007. 光照强度对番茄生长及产量的影响. 青岛农业大学学报(自然科学版), (03): 199-202, 206.

尹建英, 谭军, 郭国强. 2017. 携带斑马叶标记籼型两用核不育系衡标 807S 的选育. 农业科技通讯, (08): 257-261.

余新桥, 罗利军, 梅捍卫, 等. 2000. 水稻标记不育系标-1A 的选育与利用. 西南农业学报, (04): 6-9.

张春燕, 马芳芳, 王琴, 等. 2014. 2 种光周期条件下'日光'翠菊的生长发育特性. 华中农业大学学报, 33(01): 35-38.

张都海, 汪建民, 陈秀娟, 等. 2017. 不同光照强度对省沽油当年生播种苗生长的影响. 浙江林业科技, 37(06): 79-82.

张红林, 张瑞祥, 刘海平, 等. 2010. 淡化转斑叶型叶色标记性状早籼稻不育系高光 A 的选育杂交水稻, 25(S1): 190-194.

张欢, 章丽丽, 李薇, 等. 2012. 不同光周期红光对油葵芽苗菜生长和品质的影响. 园艺学报, 39(02): 297-304.

张清华, 陈昆, 赵跃锋. 2018. 不同光质对西瓜幼苗光合特性、生理品质及保护酶系统的影响. 山西农业科学, 46(10): 1615-1617.

赵佩, 王轲, 张伟, 等. 2014. 参与农杆菌侵染及 T-DNA 转运过程植物蛋白的研究进展和思考. 中国农业科学, 47(13): 2504-2518.

郑好. 2019. 光照强度及烯效唑对小麦幼苗叶绿素含量的影响. 吉林农业, (03): 55-56.

周秦, 朱一丹, 朱璞, 等. 2017. 光质调控对芽苗菜生长和品质影响的研究. 上海蔬菜, (01): 61-63.

朱晓静, 尚爱芹, 杨敏生, 等. 2014. 中华金叶榆子代苗光合特性及叶片呈色机制探讨. 西北植物学报, 34(05): 950-956.

Acevedo-Hernandez G J, Leon P, Herrera-Estrella L R. 2005. Sugar and ABA responsiveness of a minimal *RBCS* light-responsive unit is mediated by direct binding of ABI4. Plant Journal, 43(4): 506-519.

Allen E, Xie Z X, Gustafson A M, et al. 2005. microRNA-directed phasing during trans-acting siRNA biogenesis in plants. Cell, 121(2): 207-221.

Awan M A, Konzak C F, Rutger J N, et al. 1980. Mutagenic effects of sodium azide in rice. Crop

Science, 20: 663-668.

Baker N R. 2008. Chlorophyll fluorescence: a probe of photosynthesis *in vivo*. Annual Review of Plant Biology, 59(1): 89.

Beale S I. 2005. Green genes gleaned. Trends in Plant Science, 10(7): 309-312.

Burgos N R, Singh V, Tseng T M, et al. 2014. The impact of herbicide-resistant rice technology on phenotypic diversity and population structure of united states weedy rice. Plant Physiology, 166(3): 1208-1220.

Cao J, Schneeberger K, Ossowski S, et al. 2011. Whole-genome sequencing of multiple *Arabidopsis thaliana* populations. Nature Genetics, 43(10): 956-963.

Carland F M, Fujioka S, Takatsuto S, et al. 2002. The identification of *CVP1* reveals a role for sterols in vascular patterning. The Plant cell, 14(9): 2045-2058.

Cerrudo I, Caliri-Ortiz M E, Keller M M, et al. 2016. Exploring growth-defense tradeoffs in *Arabidopsis*. Phytochrome B inactivation requires JAZ10 to suppress plant immunity but not to trigger shade avoidance responses. Plant Cell Environment, 40(5): 635-644.

Chen F, Dong G, Wu L, et al. 2016. A nucleus-encoded chloroplast protein YL1 is involved in chloroplast development and efficient biogenesis of chloroplast ATP synthase in rice. Scientific Reports, 6: e32295.

Chen H, Cheng Z, Ma X, et al. 2013. A knockdown mutation of *YELLOW-GREEN LEAF2* blocks chlorophyll biosynthesis in rice. Plant Cell Reports, 32(12): 1855-1867.

Chen S J. 2013. T-DNA tagging of the *OsGUN4* gene resulted in the yellow-green leaf mutation in rice (*Oryza sativa* L.). Plant Physiology Journal, 49(8): 778-786.

Cline K. 1986. Import of proteins into chloroplasts: membrane integration of a thylakoid precursor protein reconstituted in chloroplast lysates. The Journal of biological chemistry, 261(31): 14804-14810.

Cordoba J, Molina-Cano J L, Martinez-Carrasco R, et al. 2016. Functional and transcriptional characterization of a barley mutant with impaired photosynthesis. Plant Science, 244: 19-30.

Dai X, Yu J, Ma J, et al. 2007. Overexpression of *Zm401*, an mRNA-like RNA, has distinct effects on pollen development in maize. Plant Growth Regulation, 52(3): 229-239.

Dong H, Fei G L, Wu C Y, et al. 2013. A rice *virescent-yellow leaf* mutant reveals new insights into the role and assembly of plastid caseinolytic protease in higher plants. Plant Physiology, 162(4): 1867-1880.

Drapler D, Girard-Bascou J, Wollman F A. 1992. Evidence for nuclear control of the expression of the *atpa* and *atpb* chloroplast genes in *chlamydomonas*. Plant Cell, 4(3): 283-295.

Fahlgren N, Howell M D, Kasschau K D, et al. 2007. High-throughput sequencing of *Arabidopsis* microRNAs: evidence for frequent birth and death of mirna genes. PloS One, 2(2): e219.

Feng L, Yuan L, Du M, et al. 2013. Anti-lung cancer activity through enhancement of immunomodulation and induction of cell apoptosis of total triterpenes extracted from *Ganoderma luncidum* (Leyss. ex Fr.) Karst. Molecules, 18(8): 9966-9981.

Finn R D, Bateman A, Clements J, et al. 2014. Pfam: the protein families database. Nucleic Acids Research, 42(D1): D222-D230.

Gao M L, Hu L L, Li Y H, et al. 2016. The chlorophyll-deficient *golden leaf* mutation in cucumber is due to a single nucleotide substitution in *CsChlI* for magnesium chelatase I subunit. Theoretical and Applied Genetics, 129(10): 1961-1973.

Gelvin S B. 2010. Plant proteins involved in *Agrobacterium*-mediated genetic transformation. Annual Review of Phytopathology, 48(1): 45-68.

Goodstein D M, Shu S, Howson R, et al. 2012. Phytozome: a comparative platform for green plant genomics. Nucleic Acids Research, 40(D1): D1178-D1186.

Gothandam K M, Kim E S, Cho H J, et al. 2005. OsPPR1, a pentatricopeptide repeat protein of rice is essential for the chloroplast biogenesis. Plant Molecular Biology, 58(3): 421-433.

Green B R. 2011. Chloroplast genomes of photosynthetic eukaryotes. Plant Journal, 66(1): 34-44.

Gustafsson A. 1942. The plastid development in various types of chlorophyll mutations. Hereditas, 28(3-4): 483-492.

Hudson D, Guevara D R, Hand A J, et al. 2013. Rice cytokinin GATA transcription factor1 regulates chloroplast development and plant architecture. Plant Physiology, 162(1): 132-144.

Ifuku K, Ido K, Sato F. 2011. Molecular functions of PsbP and PsbQ proteins in the photosystem II supercomplex. Journal of Photochemistry and Photobiology B-Biology, 104(1-2): 158-164.

Jensen P E, Gibson L C, Henningsen K W, et al. 1996. Expression of the *chlI*, *chlD*, and *chlH* genes from the Cyanobacterium *synechocystis* PCC6803 in *Escherichia coli* and demonstration that the three cognate proteins are required for magnesium-protoporphyrin chelatase activity. Journal of Biological Chemistry, 271(28): 16662-16667.

Jiang H, Li M, Liang N, et al. 2007. Molecular cloning and function analysis of the stay green gene in rice. Plant Journal, 52(2): 197-209.

Jiang Y, Xia B, Liang L, et al. 2013. Molecular and analysis of a phenylalanine ammonia-lyase gene(*LrPAL2*)from *Lycoris radiata*. Molecular Biology Reports, 40(3): 2293-2300.

Jones-Rhoades M W, Bartel D P, Bartel B. 2006. MicroRNAs and their regulatory roles in plants. Annual Review of Plant Biology, 57: 19-53.

Jung K H, Hur J, Ryu C H, et al. 2003. Characterization of a rice chlorophyll-deficient mutant using the T-DNA gene-trap system. Plant and Cell Physiology, 44(5): 463-472.

Karlova R, Van Haarst J C, Maliepaard C, et al. 2013. Identification of microRNA targets in tomato fruit development using high-throughput sequencing and degradome analysis. Journal of Experimental Botany, 64(7): 1863-1878.

Kemppainen M, Duplessis S, Martin F, et al. 2008. T-DNA insertion, plasmid rescue and integration analysis in the model mycorrhizal fungus *Laccaria bicolor*. Microbial Biotechnology, 1(3): 258-269.

Kim S R, An G. 2013. Rice chloroplast-localized heat shock protein 70, OsHsp70CP1, is essential for chloroplast development under high-temperature conditions. Journal of Plant Physiology, 170(9): 854-863.

Kim S R, Yang J I, An G. 2013. *OsCpn60 alpha 1*, encoding the plastid chaperonin 60 alpha subunit, is essential for folding of rbcL. Molecules and Cells, 35(5): 402-409.

Kong L, Zhang Y, Ye Z Q, et al. 2007. CPC: assess the protein-coding potential of transcripts using sequence features and support vector machine. Nucleic Acids Research, 35: W345-W349.

Krzywinski M, Schein J, Birol I, et al. 2009. Circos: an information aesthetic for comparative genomics. Genome Research, 19(9): 1639-1645.

Kunugi M, Takabayashi A, Tanaka A. 2013. Evolutionary changes in chlorophyllide a oxygenase (CAO) structure contribute to the acquisition of a new light-harvesting complex in *Micromonas*. Journal of Biological Chemistry, 288(27): 19330-19341.

Kusumi K, Komori H, Satoh H, et al. 2000. Characterization of a zebra mutant of rice with increased susceptibility to light stress. Plant Cell Physiology, 41(2): 158.

Kusumi K, Sakata C, Nakamura T, et al. 2011. A plastid protein NUS1 is essential for build-up of the genetic system for early chloroplast development under cold stress conditions. Plant Journal, 68(6): 1039-1050.

Kusumi K, Yara A, Mitsui N, et al. 2004. Characterization of a rice nuclear-encoded plastid RNA polymerase gene *OsRpoTp*. Plant and Cell Physiology, 45(9): 1194-1201.

Lee S, Kim J H, Yoo E, et al. 2005. Differential regulation of chlorophyll a oxygenase genes in rice. Plant Molecular Biology, 57(6): 805-818.

Lee T H, Tang H, Wang X, et al. 2013. PGDD: a database of gene and genome duplication in plants. Nucleic Acids Research, 41(D1): D1152-D1158.

Leister D. 2003. Chloroplast research in the genomic age. Trends in Genetics, 19(1): 47-56.

Leng N, Dawson J A, Thomson J A, et al. 2013. EBSeq: an empirical Bayes hierarchical model for inference in RNA-seq experiments. Bioinformatics, 29(8): 1035-1043.

Li C M, Hu Y, Huang R, et al. 2015a. Mutation of *FdC2* gene encoding a ferredoxin-like protein with C-terminal extension causes yellow-green leaf phenotype in rice. Plant Science, 238: 127-234.

Li S S, Li Q Z, Rong L P, et al. 2015b. Gene expressing and sRNA sequencing show that gene differentiation associates with a yellow acer palmatum mutant leaf in different light conditions. Biomed Research International, 2015: 843470.

Lin D, Gong X, Jiang Q, et al. 2015. The rice *ALS3* encoding a novel pentatricopeptide repeat protein is required for chloroplast development and seedling growth. Rice, 8(1): 17.

Liu F, Xu Y, Han G, et al. 2016a. Molecular evolution and genetic variation of g2-like transcription factor genes in maize. PloS One, 11(8): e0161763.

Liu J, Wang H, Chua N H. 2015a. Long noncoding RNA transcriptome of plants. Plant Biotechnology Journal, 13(3): 319-328.

Liu J, Zhou W, Liu G, et al. 2015b. The conserved endoribonuclease YbeY is required for chloroplast ribosomal RNA processing in *Arabidopsis*. Plant Physiology, 168(1): 205-221.

Liu X, Chen C Y, Wang K C, et al. 2013. Phytochrome interacting factor3 associates with the histone deacetylase HDA15 in repression of chlorophyll biosynthesis and photosynthesis in etiolated *Arabidopsis* seedlings. Plant Cell, 25(4): 1258-1273.

Liu X, Yu W, Wang G, et al. 2016b. Comparative proteomic and physiological analysis reveals the variation mechanisms of leaf coloration and carbon fixation in a xantha mutant of *Ginkgo biloba* L. International journal of molecular sciences, 17(11): 1794.

Liu X G, Xu H, Zhang J Y, et al. 2012. Effect of low temperature on chlorophyll biosynthesis in albinism line of wheat(*Triticum aestivum*)FA85. Physiologia Plantarum, 145(3): 384-394.

Liu Y G, Mitsukawa N, Oosumi T, et al. 1995. Efficient isolation and mapping of *Arabidopsis thaliana* T-DNA insert junctions by thermal asymmetric interlaced PCR. The Plant journal: for cell and molecular biology, 8(3): 457-463.

Lv X G, Shi Y F, Xu X, et al. 2015. *Oryza sativa* chloroplast signal recognition particle 43(OscpSRP43)is required for chloroplast development and photosynthesis. PloS One, 10(11): e0143249.

Margareta R, Matthew J T. 2002. Analysis of protochlorophyllide reaccumulation in the phytochrome chromophore-deficient *aurea* and *yg-2* mutants of tomato by *in vivo* fluorescence spectroscopy. Photosynthesis research, 74(2): 195-203.

Mccormac A, Terry M. 2010. The nuclear genes *Lhcb* and *HEMA1* are differentially sensitive to plastid signals and suggest distinct roles for the GUN1 and GUN5 plastid-signalling pathways during de-etiolation. Plant Journal, 40(5): 672-685.

Men X, Shi J, Liang W, et al. 2017. Glycerol-3-Phosphate Acyltransferase 3 (OsGPAT3) is required for anther development and male fertility in rice. Journal of Experimental Botany, 68(3): 512-525.

Miyoshi K, Ito Y, Serizawa A, et al. 2003. *OsHAP3* genes regulate chloroplast biogenesis in rice. Plant Journal, 36(4): 532-540.

Moon J, Zhu L, Shen H, et al. 2008. PIF1 directly and indirectly regulates chlorophyll biosynthesis to optimize the greening process in *Arabidopsis*. Proceedings of the National Academy of Sciences of the United States of America, 105(27): 9433-9438.

Morita R, Sato Y, Masuda Y, et al. 2009. Defect in non-yellow coloring 3, an alpha/beta hydrolase-fold family protein, causes a stay-green phenotype during leaf senescence in rice. Plant Journal, 59(6): 940-952.

Mullineaux C W. 2005. Function and evolution of grana. Trends in Plant Science, 10(11): 521-525.

Nagatoshi Y, Mitsuda N, Hayashi M, et al. 2016. GOLDEN 2-LIKE transcription factors for chloroplast development affect ozone tolerance through the regulation of stomatal movement. Proceedings of the National Academy of Sciences of the United States of America, 113(15): 4218-4223.

Nott A, Jung H S, Koussevitzky S, et al. 2006. Plastid-to-nucleus retrograde signaling. Annual Review of Plant Biology, 57: 739-759.

O'malley R C, Alonso J M, Kim C J, et al. 2007. An adapter ligation-mediated PCR method for high-throughput mapping of T-DNA inserts in the *Arabidopsis* genome. Nature Protocols, 2(11): 2910-2917.

Petri L, Miguel G G, Sofie T, et al. 2011. Jasmonate signaling involves the abscisic acid receptor PYL4 to regulate metabolic reprogramming in *Arabidopsis* and tobacco. Proceedings of the National Academy of Sciences of the United States of America, 108(14): 5891-5896.

Qu Z, Quan Z, Zhang Q, et al. 2018. Comprehensive evaluation of differential lncRNA and gene expression in patients with intervertebral disc degeneration. Molecular Medicine Reports, 18(2): 1504-1512.

Rey P, Cuine S, Eymery F, et al. 2005. Analysis of the proteins targeted by CDSP32, a plastidic thioredoxin participating in oxidative stress responses. Plant Journal, 41(1): 31-42.

Richter A S, Hochheuser C, Fufezan C, et al. 2016. Phosphorylation of genomes uncoupled 4 alters stimulation of mg chelatase activity in angiosperms. Plant Physiology, 172(3): 1578-1595.

Robinson M D, Mccarthy D J, Smyth G K. 2010. EdgeR: a bioconductor package for differential expression analysis of digital gene expression data. Bioinformatics, 26(1): 139-140.

Romualdi C, Bortoluzzi S, D'alessi F, et al. 2003. IDEG6: a web tool for detection of differentially expressed genes in multiple tag sampling experiments. Physiological Genomics, 12(2): 159-162.

Rossini L, Cribb L, Martin D J, et al. 2001. The maize *golden2* gene defines a novel class of transcriptional regulators in plants. The Plant cell, 13(5): 1231-1244.

Sakuraba Y, Rahman M L, Cho S H, et al. 2013. The rice *faded green leaf* locus encodes protochlorophyllide oxidoreductaseB and is essential for chlorophyll synthesis under high light conditions. Plant Journal, 74(1): 122-133.

Saleh A, Withers J, Mohan R, et al. 2015. Posttranslational modifications of the master transcriptional regulator NPR1 enable dynamic but tight control of plant immune responses. Cell Host Microbe, 18(2): 169-182.

Sato Y, Morita R, Katsuma S, et al. 2009. Two short-chain dehydrogenase/reductases, NON-YELLOW COLORING 1 and NYC1-LIKE, are required for chlorophyll b and light-harvesting complex II degradation during senescence in rice. Plant Journal, 57(1): 120-131.

Sjogren L L E, Macdonald T M, Sutinen S, et al. 2004. Inactivation of the *clpC1* gene encoding a chloroplast Hsp100 molecular chaperone causes growth retardation, leaf chlorosis, lower photosynthetic activity, and a specific reduction in photosystem content. Plant Physiology, 136(4): 4114-4126.

Stefano B, Patrizia B, Matteo C, et al. 2016. Inverse PCR and quantitative PCR as alternative methods to southern blotting analysis to assess transgene copy number and characterize the integration site in transgenic woody plants. Biochemical Genetics, 54(3): 291-305.

Sugimoto H, Kusumi K, Noguchi K, et al. 2007. The rice nuclear gene, *VIRESCENT 2*, is essential for chloroplast development and encodes a novel type of guanylate kinase targeted to plastids and mitochondria. Plant Journal, 52(3): 512-527.

Sun L, Luo H, Bu D, et al. 2013. Utilizing sequence intrinsic composition to classify protein-coding and long non-coding transcripts. Nucleic Acids Research, 41(17): e166.

Tang X, Miao M, Niu X, et al. 2016. Ubiquitin-conjugated degradation of golden 2-like transcription factor is mediated by CUL4-DDB1-based E3 ligase complex in tomato. New Phytologist, 209(3): 1028-1039.

Tang Y, Liu H, Guo S, et al. 2018. *OsmiR396d* affects gibberellin and brassinosteroid signaling to regulate plant architecture in rice. Plant Physiology, 176(1): 946-959.

Falbel T G, Staehelin L A. 1996. Partial blocks in the early steps of the chlorophyll synthesis pathway: a common feature of chlorophyll b-deficient mutant. Physiologia Plantarum, 97(2): 311-320.

Terry M J, Kendrick R E. 1999. Feedback inhibition of chlorophyll synthesis in the phytochrome chromophore-deficient *aurea* and *yellow-green-2* mutants of tomato. Plant Physiology, 119(1): 143-152.

Theg S M, Scott S V. 2002. Protein import into chloroplasts. Trends in Cell Biology, 5(6): 529-535.

Toda T, Fujii S, Noguchi K, et al. 2012. Rice *MPR25* encodes a pentatricopeptide repeat protein and is essential for RNA editing of *nad5* transcripts in mitochondria. Plant Journal, 72(3): 450-460.

Tokumaru M, Adachi F, Toda M, et al. 2017. Ubiquitin-proteasome dependent regulation of the GOLDEN2-LIKE 1 transcription factor in response to plastid signals. Plant Physiology, 173(1): 524-535.

Trapnell C, Williams B A, Pertea G, et al. 2010. Transcript assembly and quantification by RNA-Seq reveals unannotated transcripts and isoform switching during cell differentiation. Nature Biotechnology, 28(5): 511-U174.

Tsugane K, Maekawa M, Takagi K, et al. 2006. An active DNA transposon nDart causing leaf variegation and mutable dwarfism and its related elements in rice. Plant Journal, 45(1): 46-57.

Walles B. 1967. The homozygous and heterozygous effects of an *Aurea* mutation on plastid development in spruce (*Picea abies* L.). Studia Forestalia Suecica, 60: 3-20.

Wan C M, Li C M, Ma X Z, et al. 2015. *GRY79* encoding a putative metallo-beta-lactamase-trihelix chimera is involved in chloroplast development at early seedling stage of rice. Plant Cell Reports, 34(8): 1353-1363.

Wang L, Feng Z, Wang X, et al. 2010a. DEGseq: an R package for identifying differentially expressed genes from RNA-seq data. Bioinformatics, 26(1): 136-138.

Wang L, Park H J, Dasari S, et al. 2013a. CPAT: coding-potential assessment tool using an alignment-free logistic regression model. Nucleic Acids Research, 41(6): e74.

Wang L, Yue C, Cao H, et al. 2014. Biochemical and transcriptome analyses of a novel *chlorophyll-deficient chlorina* tea plant cultivar. Bmc Plant Biology, 14: 352.

Wang P, Gao J, Wan C, et al. 2010b. Divinyl chlorophyll (ide) a can be converted to monovinyl chlorophyll(ide)a by a divinyl reductase in rice. Plant Physiology, 153(3): 994-1003.

Wang Z K, Huang Y X, Miao Z D, et al. 2013b. Identification and characterization of *BGL11(t)*, a novel gene regulating leaf-color mutation in rice (*Oryza sativa* L.). Genes & Genomics, 35(4): 491-499.

Waters M T, Wang P, Korkaric M, et al. 2009. GLK transcription factors coordinate expression of the photosynthetic apparatus in *Arabidopsis*. Plant Cell, 21(4): 1109-1128.

Wisniewski J R, Zougman A, Nagaraj N, et al. 2009. Universal sample preparation method for proteome analysis. Nature Methods, 6(5): 359-362.

Wu J, Mao X, Cai T, et al. 2006. KOBAS server: a web-based platform for automated annotation and pathway identification. Nucleic Acids Research, 34: W720-W724.

Wu Z, Zhang X, He B, et al. 2007. A chlorophyll-deficient rice mutant with impaired chlorophyllide esterification in chlorophyll biosynthesis. Plant Physiology, 145(1): 29-40.

Xie M, Zhang S, Yu B. 2015. MicroRNA biogenesis, degradation and activity in plants. Cellular and Molecular Life Sciences, 72(1): 87-99.

Yasumura Y, Moylan E C, Langdale J A. 2005. A conserved transcription factor mediates nuclear control of organelle biogenesis in anciently diverged land plants. Plant Cell, 17(7): 1894-1907.

Ye J W, Gong Z Y, Chen C G, et al. 2012. A mutation of *OSOTP 51* leads to impairment of photosystem I complex assembly and serious photo-damage in rice. Journal of Integrative Plant Biology, 54(2): 87-98.

Yoo S C, Cho S H, Sugimoto H, et al. 2009. Rice *Virescent3* and *Stripe1* encoding the large and small subunits of ribonucleotide reductase are required for chloroplast biogenesis during early leaf development. Plant Physiology, 150(1): 388-401.

Yu B Y, Gruber M Y, Khachatourians G G, et al. 2012. *Arabidopsis cpSRP54* regulates carotenoid accumulation in *Arabidopsis* and *Brassica napus*. Journal of Experimental Botany, 63(14): 5189-5202.

Yue W, Wang A X, Zhu R X, et al. 2016. Association between carotid artery stenosis and cognitive impairment in stroke patients: a cross-sectional study. PloS One, 11(1): e0146890.

Zhang F, Zhang P, Zhang Y, et al. 2016a. Identification of a peroxisomal-targeted aldolase involved in chlorophyll biosynthesis and sugar metabolism in rice. Plant Science, 250: 205-215.

Zhang H, Li J, Yoo J H, et al. 2006a. Rice *Chlorina-1* and *Chlorina-9* encode ChlD and ChlI subunits of Mg-chelatase, a key enzyme for chlorophyll synthesis and chloroplast development. Plant Molecular Biology, 62(3): 325-337.

Zhang H, Zhang D, Han S, et al. 2011. Identification and gene mapping of a soybean *chlorophyll-deficient* mutant. Plant Breeding, 130(2): 133-138.

Zhang J, Li C, Wu C, et al. 2006b. RMD: a rice mutant database for functional analysis of the rice genome. Nucleic Acids Research, 34: D745-D748.

Zhang Y C, Yu Y, Wang C Y, et al. 2013. Overexpression of microRNA *OsmiR397* improves rice yield by increasing grain size and promoting panicle branching. Nature Biotechnology, 31(9): 848-852.

Zhang Z, Tan J, Shi Z, et al. 2016b. *Albino leaf 1* that encodes the sole octotricopeptide repeat protein is responsible for chloroplast development. Plant Physiology, 171(2): 1182-1191.

Zhao C, Xu J, Chen Y, et al. 2012. Molecular cloning and characterization of OsCHR4, a rice chromatin-remodeling factor required for early chloroplast development in adaxial mesophyll. Planta, 236(4): 1165-1176.

Zhong X M, Sun S F, Li F H, et al. 2015. Photosynthesis of a *yellow-green* mutant line in maize. Photosynthetica, 53(4): 499-505.

Zhou K, Ren Y, Lv J, et al. 2013a. *Young leaf chlorosis 1*, a chloroplast-localized gene required for chlorophyll and lutein accumulation during early leaf development in rice. Planta, 237(1): 279-292.

Zhou Y, Gong Z, Yang Z, et al. 2013b. Mutation of the *light-induced yellow leaf 1* gene, which encodes a geranylgeranyl reductase, affects chlorophyll biosynthesis and light sensitivity in rice. PloS One, 8(9): e75299.

Zhu X, Liang S, Yin J, et al. 2015. The DnaJ OsDjA7/8 is essential for chloroplast development in rice (*Oryza sativa*). Gene, 574(1): 11-19.

附　　录

附表 1　基因组重测序 PCR 验证测序结果

名称	引物	测序引物	序列
IS2	P7033, IS2-F	M13F	CCCTGTCTGATGCTTGTTATCGTATTCGCGTGTCGCCCTTTTGAATCCTGTTG CCGGTCTTGCGATGATTATCATATAATTTCTGTTGAATTACGTTAAGCATGTAA TAATTAACATGTAATGCATGACGTTATTTATGAGATGGGTTTTTATGATTAGAG TCCCGCAATTATACATTTAATACGCGATAGAAAACAAAATATAGCGCGCAAA CTAGGATAAATTATCGCGCGCGGTGTCATCTATGTTACTAGATCGGCAAAATC CCTTATAAATCAAAAGAATAGCCCGAGATAGGGTTGAGTGTTGTTCCAGTTT GGAACAAGAGTCCACTATTAAAGAACGTGGACTCCAACGTCAAAGGGCGA AAAACCGTCTATCAGGGCGATGGCCCACTACGTGAACCATCACCCAAATCA AGTTTTTTGGGGTCGAGGTGCCGTAAAGCACTAAATCGGAACCCTAAAGGG AGCCCCCGATTTAGAGCTTGACGGGGAAAGCCGGCGAACGTGGCGAGAAA GGAAGGGAAGAAAGCGAAAGGAGCGGGCGCCATTCAGGCTGCGCAACTG TTGGGAAGGGCGATCGGTGCGGGCCTCTTCGCTATTACGCCAGCTGGCGAA AGGGGGATGTGCTGCAAGGCGATTAAGTTGGGTAACGCCAGGGTTTTCCCA GTCACGACGTTGTAAAACGACGGCCAGTGAATTAGCTTCTAGGACG
IS2	P7033, IS2-F	M13R	CTGGCGAGCGAATCGACTTCGCGTGTCGCCCTTGGGTATGGAGAGATTAGAG AACTAGCAGCAACTTTTCTTAAATTTAAGAAATTAAGTTACTTTTTACTTCTA TATTAAAATAAATTTTACAATAATTTTTTTTTTATCATTTCTCAATAGGTCAGGC TCTCGCTGAATTCCCCAATGTCAAGCACTTCCGGAATCGGGAGCGCGGCCG ATGCAAAGTGCCGATAAACATAACGATCTTTGTAGAAACCATCGGCGACGC TATTTACCCGCAGGACATATCCACGCCCTCCTACATCGAAGCTGAAAGCACG AGATTCTTCGCCCTCCGAGAGCTGCATCAGGTCGGAGACGCTGTCGAACTT TTCGATCAGAAACTTCTCGACAGACGTCGCGGTGAGTTCAGGCTTTTTCATA TCGGGGTCGTCCTCTCCAAATGAAATGAACTTCCTTATATAGAGGAAGGGTC TTGCGAAGGATAGTGGGATTGTGCGTCATCCCTTACGTCAGTGGAGATATCA CATCAATCCACTTGCTTTGAAGACGTGGTTGGAACGTCTTCTTTTTCCACGA TGCTCCTCGTGGGTGGGGGTCCATCTTTGGGACCACTGTCGGCAGAGGCAT CTTGAACGATAGCCTTTCCTTTATCGCAATGATGGCATTTGTAGGTGCCACCT TCCTTTTCTACTGTCCTTTTGATGAAGTGACAGATAGCTGGGCAATGGAATC CGAGGAGGTTTCCCGATATTACCCTTTGTTGAAAAGTCTCAATAGCCCTTTG GTCTTCTGAGACTGTATCTTTGATATTCTTGGAGTAGACGAGAGTGTCGTGC TCCACCATGTTTGACGGATCTCTAGGGACGC
IS3	P7548, IS3-R2	M13F	GTTGTCTGATGCTTGTTATCGTATTCGCGTGTCGCCCTTGCTGATTCTCATCG CACCATATCAATTGATCCGACGGTTTAGGACTTTGTAACGTGGCTTTCCAAT GATTCTCTTTACTCCGGGCCCCGGGGCTGGTCCACGGTCATTGGTGGAAAA AAACGGCAGCGGTCATGGTTGGTGGAGATTGAAAATAGTGAAGTAATGGTA CGCATTACATTTTACGTTCCCATGTACCAACTGTAATTGTGAAAGGGGTAATT CTATGAGGGCTACGTAGTCCTTTCCTATCCTATTTTTATATTAATGGGTTGGTG TGAATAGGCCTTTATTTACCACCAAAAATAATAAAAAAAATCAATAATTTATG TGTACGGTCAAATCAGTCTAATAATATTAGAGTGCAATAATTAACATTTAGAA TTACTCATAATTCTATATGTCCTCCTCCCATCCTGCAAATTCTAATTGAGGTGG TTCTCATCGGATCAAAATAGGAGTCAAGTACATCTCTTTCGAGGGATAAAAG TCGCACTTATAAAATTATTTGTATTATAAAAAGTAATATTATATATCATTATTTA TCATATTTATCTTCACATCGTAACTTTTAAAATTATTATTCGATAATTCATCTC AAATTTAATAATAATTTTAAAAGGTACATCAACTTTGAGAGATAAAAAAAAA AAAAAAGATAAAATATGATATGTAATATTACTCAATTTTCATCACAGAAAGGA CTTGCTCTTGGACGTAGGCCTATTTCTCAGGCACATGTATCAAGTGTTCGGA CGTGGGTTTTCGATGGTGTATCAGCCGCCGCCAACTGGGAGATGAGGAGGC TTTCTTGGGGGGGGGGGCAGTCAGCAG

续表

名称	引物	测序引物	序列
IS3	P7548, IS3-R2	M13R	TATCGGCAGAGCGACATCGACTTCGCGTGTCGCCCTTCATGCCGACAGGCA TAACTTAGATATTCGCGGGCTATTCCCACTAATTCGTCCTGCTGGTTTGCGCC AAGATAAATCAGTGCATCTCCTTACAAGTTCCTCTGTCTTGTGAAATGAACT GCTGACTGCCCCCCCCAAGAAAGCCTCCTCATCTCCCAGTTGGCGGCGGCT GATACACCATCGAAAACCCACGTCCGAACACTTGATACATGTGCCTGAGAA ATAGGCCTACGTCCAAGAGCAAGTCCTTTCTGTGATGAAAATTGAGTAATAT TACATATCATATTTTATCTTTTTTTTTTTTTTTTATCTCTCAAAGTTGATGTACCT TTTAAAATTATTATTAAATTTGAGATGAATTATCGAATAATAATTTTAAAAGTT ACGATGTGAAGATAAAATATGATAAATAATGATATATAATATTACTTTTTTATAA TACAAATAATTTTATAAGTGCGACTTTTATCCCTCGAAAGAGATGTACTTGAC TCCTATTTTGATCCGATGAGAACCACCTCAATTAGAATTTGCAGGATGGGAG GAGGACATATAGAATTATGAGTAATTCTAAATGTTAATTATTGCACTCTAATAT TATTAGACTGATTTGACCGTACACATAAATTATTGATTTTTTTTTTTATTATTTTTG GTGGTAAATAAAGGCCTATTCACACCAACCCATTAAATATAAAAATAGGATAG GAAAGGACTACGTAGCCCTCATAGAATTACCCCTTTCACAATTACAGTTTGG TACATGGGAACGTAAAATGTAATGCGTACCATTACTTTCACTATTTTTCAATT CTCCACCAACCATTGACCGCTG
IS4	P5309, IS4-R	P5309	GGGTCTACGAGTCTCTTACGACTCATGACAAGAAGAAAATCTTCGTCAACA TGGTGGTTCCGAAATCGGCAAAATCCCTTATAAATCAAAAGAATAGCCCGA GATAGGGTTGAGTGTTGTTCCAGTTTGGAACAAGAGTCCACTATTAAAGAA CGTGGACTCCAACGTCAAAGGGCGAAAAACCGTCTATCAGGGCGATGGCC CACTACGTGAACCATCACCCAAATCAAGTTTTTTGGGGTCGAGGTGCCGTA AAGCACTAAATCGGAACCCTAAAGGGAGCCCCCGATTTAGAGCTTGACGG GGAAAGCCGGCGAACGTGGCGAGAAAGGAAGGGAAGAAAGCGAAAGGA GCGGGCGCCATTCAGGCTGCGCAACTGTTGGGAAGGGCGATCGGTGCGGG CCTCTTCGCTATTACGCCAGCTGGCGAAAGGGGGATGTGCTGCAAGGCGAT TAAGTTGGGTAACGCCAGGGTTTTCCCAGTCACGACGTTGTAAAACGACGG CCAGTGAATTAGCTTCTAGGACGCGTCGACGCGTCGACGCGTCGACGCGTG CAATGATGAGTTTTTTTTTTTCTGGGTCCTTTTGTCAGCCCTGTGAATGTGTC GTGATTTCTCGACCCTTTTGATGCACGACCCTCCGTCCAAAA
IS4	P5309, IS4-R	IS4-R	GGGTCTACGAGTCTCTTACGACTCATGACAAGAAGAAAATCTTCGTCAACA TGGTGGTTCCGAAATCGGCAAAATCCCTTATAAATCAAAAGAATAGCCCGA GATAGGGTTGAGTGTTGTTCCAGTTTGGAACAAGAGTCCACTATTAAAGAA CGTGGACTCCAACGTCAAAGGGCGAAAAACCGTCTATCAGGGCGATGGCC CACTACGTGAACCATCACCCAAATCAAGTTTTTTGGGGTCGAGGTGCCGTA AAGCACTAAATCGGAACCCTAAAGGGAGCCCCCGATTTAGAGCTTGACGGG GAAAGCCGGCGAACGTGGCGAGAAAGGAAGGGAAGAAAGCGAAAGGAGC GGGCGCCATTCAGGCTGCGCAACTGTTGGGAAGGGCGATCGGTGCGGGCC TCTTCGCTATTACGCCAGCTGGCGAAAGGGGGATGTGCTGCAAGGCGATTA AGTTGGGTAACGCCAGGGTTTTCCCAGTCACGACGTTGTAAAACGACGGCC AGTGAATTAGCTTCTAGGACGCGTCGACGCGTCGACGCGTCGACGCGTGCA ATGATGAGTTTTTTTTTTTCTGGGTCCTTTTGTCAGCCCTGTGAATGTGTCGT GATTTCTCGACCCTTTTGATGCACGACCCTCCGTCCAAAA
IS5	P3054, IS5-F	P3054	GTTATTCAGGGCACCGGACAGGTCGGTCTTGACAAAAAGAACCGGGCGCC CCTGCGCTGACAGCCGGAACACGGCGGCATCAGAGCAGCCGATTGTCTGTT GTGCCCAGTCATAGCCGAATAGCCTCTCCACCCAAGCGGCCGGAGAACCTG CGTGCAATCCATCTTGTTCAATCATGCGAAACGATCCAGATCCGGTGCAGAT TATTTGGATTGAGAGTGAATATGAGACTCTAATTGGATACCGAGGGGAATTT ATGGAACGTCAGTGGAGCATTTTTGACAAGAAATATTTGCTAGCTGATAGTG ACCTTAGGCGTGCAAAGTCATTCTCAGAATTTTCGAGACTGGATTTCTTAGG CATAGCTGCAAAGGAATTAGACTGTCCAACAATTTTGGGTCCTCAGGATCCAT TGCCATGATCTGTGGTAATGCTTTATTTTAGCCGAAGCGTGCATGTGCCAGGA GCGACTGGGTTGGGTACCAGTTGAAATTTGGTCTTTTATGATGATCCACTATT AAAAAGCTGTTTGTCAGAAGAAGTTTTCTGAAATTTATGTTAAATATATCCCT AGATTTTCATTGTTAGTAAGGTTTTAATTACCTTTTTTCACATGGCCGTTACG ACCTAGGAAGAAAGCTTTTGATTCGTCATTTCTGGTTATTGAAGAAATCACC CCCCGGGGGTAAA

续表

名称	引物	测序引物	序列
IS5	P3054，IS5-F	IS5-F	GCTTTCTTCCTAGGTCGTAACGGCCATGTGAAAAAAGGTAATTAAAACCTTACTAACAATGAAAATCTAGGGATATATTTAACATAAATTTCAGAAAACTTCTTCTGACAAACAGCTTTTTAATAGTGGATCATCATAAAAGACCAAATTTCAACTGGTACCCAACCCAGTCGCTCCTGGCACATGCACGCTTCGGCTAAAATAAAGCATTACCACAGATCATGGCAATGGATCCGAGGACCCAAAATTGTTGGACAGTCTAATTCCTTTGCAGCTATGCCTAAGAAATCCAGTCTCGAAAATTCTGAGAATGACTTTGCACGCCTAAGGTCACTATCAGCTAGCAAATATTTCTTGTCAAAAATGCTCCACTGACGTTCCATAAATTCCCCTCGGTATCCAATTAGAGTCTCATATTCACTCTCAATCCAAATAATCTGCACCGGATCTGGATCGTTTCGCATGATTGAACAAGATGGATTGCACGCAGGTTCTCCGGCCGCTTGGGTGGAGAGGCTATTCGGCTATGACTGGGCACAACAGACAATCGGCTGCTCTGATGCCGCCGTGTTCCGGCTGTCAGCGCAGGGGCGCCCGGTTCTTTTTGTCAAGACCGACCTGTCCGGTGCCCTGAATGAACTGCAGGACGAGGCAGCGCGGCTATCGTGTGGGCCCCCACGAGA
IS6_RB	P3054，IS6-F	P3054	TCTAGATTTAATAACGGCTTTAATTACGAAGTTACGTGCTAGCTTCGATGCGATGTTTCGCTATGGTGGTCGAATGGGCAGGTAGCCGGATCAAGCGTATGCAGCCGCCGCATTGCATCAGCCATGATGGATACTTTCTCGGCAGGAGCAAGGTGAGATGACAGGAGATCCTGCCCCGGCACTTCGCCCAATAGCAGCCAGTCCCTTCCCGCTTCAGTGACAACGTCGAGCACAGCTGCGCAAGGAACGCCCGTCGTGGCCAGCCACGATAGCCGCGCTGCCTCGTCCTGCAGTTCATTCAGGGCACCGGACAGGTCGGTCTTGACAAAAAGAACCGGGCGCCCCTGCGCTGACAGCCGGAACACGGCGGCATCAGAGCAGCCGATTGTCTGTTGTGCCCAGTCATAGCCGAATAGCCTCTCCACCCAAGCGGCCGGAGAACCTGCGTGCAATCCATCTTGTTCAATCATGCGAAACGATCCAGATCCGGTGCAGATTATTTGGATTGAGAGTGAATATGAGACTCTAATTGGATACCGAGGGGAATTTATGGAACGTCAGTGGAGCATTTTTGACAAGAAATATTTGCTAGCTGATAGTGACCTTAGGCGACTTTTGAACGCGCAATAATGGTTTCTGACGTATGTGCTTAGCTCATTAAACTCCAGAAACCCGCGGCTGAGTGGCTCCTTCAACGTTGCGGTTCTGTCAGTTCCAAACGTAAAACGGCTTGTCCCGCGTCATCGGCGGGGGTCATAACGTGACTCCCTTAATTCTCCGCTCATGATCAGATTGTCGTTTCCCGCGTCAGTTTAAACTATCAGTGTTTACTTAGCTTGAGGTGTTTTTGTAATTCAGCACATCCACCTTATCCCTACCCTTGGTTCACAACTTACACATCCCATATCTACCTACCCGAATACGCATAGCGATTCATATCTGCTAATTGGGTTTTTGGTTGCTGGTGAAGACCAGAGAAAGTGAGAGAAAAAGCAATAGCAATCCATGGGGGGGGAGCAGATCATATTTTTTCGGGCCAAGGGTTGGGAAGGATGACGGGCGGCCCAAGCACTGGCGCCCTCACAACCGGCCATTGTCCATGGGCGGGCGTCTTTCCTCATCTTGCATCCCCATCGCGATGAAGACT
IS6_RB	P3054，IS6-F	IS6-F	TTGCTCTCGCGATGGGGAGCAGATGAGGAGACGCCGGCCATGGCAATGGCGGTGTTGAGGCGCCAGTGCTTGGGCCGCCCGTCATCCTCCACACCTTGGCCCGAAAAAATATGATCTGCTCCCCCCCATGGATTGCTATTGCTTTTTCTCTCACTTTCTCTGGTCTTCACCAGCAACCAAAAACCCAATTAGCAGATATGAATCGCTATGCGTATTCGGGTAGGTAGATATGGGATGTGTAAGTTGTGAACCAAGGGTAGGGATAAGGTGGATGTGCTGAATTACAAAAACACCCTCCAAGCTAAGTAAACACTGATAGTTTAAACTGAAGGCGGGAAACGACAATCTGATCATGAGCGGAGAATTAAGGGAGTCACGTTATGACCCCCGCCGATGACGCGGGACAAGCCGTTTTACGTTTGGAACTGACAGAACCGCAACGTTGAAGGAGCCACTCAGCCGCGGGTTTCTGGAGTTTAATGAGCTAAGCACATACGTCAGAAACCATTATTGCGCGTTCAAAGTCGCCTAAGGTCACTATCAGCTAGCAAATATTTCTTGTCAAAAATGCTCCACTGACGTTCCATAAATTCCCCTCGGTATCCAATTAGAGTCTCATATTCACTCTCAATCCAAATAATCTGCACCGGATCTGGATCGTTTCGCATGATTGAACAAGATGGATTGCACGCAGGTTCTCCGGCCGCTTGGGTGGAGAGGCTATTCGGCTATGACTGGGCACAACAGACAATCGGCTGCTCTGATGCCGCCGTGTTCCGGCTGTCAGCGCAGGGGCGCCCGGTTCTTTTTGTCAAGACCGACCTGTCCGGTGCCCTGAATGAACTGCAGGACGAGGCAGCGCGGCTATCGTGGCTGGCCACGACGGGCGTTCCTTGCGCAGCTGTGCTCGACGTTGTCACTGAAGCGGGAAGGGACTGGCTGCTATTGGGCGAAGTGCCGGGGCAGGATCTCCTGTCATCTCACCTTGCTCCTGCCGAGAAGTATCCATCATGGCTGATGCAATGCGGCGGCTGCATACGCTTGATCCGGCTACCTGCCCATTCGACCACCAGCGAAACATCGCATCGAGCGAGCACGTACTCGGATGGAGCCGGTCTTGGTCGATCAGATGATCTGCGCAAAACATCAG

续表

名称	引物	测序引物	序列
IS6_LB	P9679, IS6-R2	T7	GCTCCGGCCGCCATGGCGGCCGCGGGAATTCGATTTCTCTCAGTTCGATCTG GCTCTGGTTTTGCTCTCGCTCATTGGCTGGGCAAAAAAGAGGGCGTGAAGA AAAGGTTACGGATTTCAGATTATCGCAGGGAGATTTTATAATATCTAAGAAA TTATTTAATGGATTTATTTATAATAAATAAAAATAAATTTATTTAGTGTGGTAA AATAATATAAGATGATTATATTTTTATATTTTAAATTAATGTAATAAAATAAAT AAAATGTTTTGTTCTTACACTTTAAATTTGTATGACTTATAAAAATGGTAGCT CAGGATATATTGTGGTGTAAACAAATTGACGCTTAGACAACTTAATAACACA TTGCGGACGTTTTTAATGTACTGGGGTGGTTTTTCTTTTCACCAGTGAGACG GGCAACAGCTGATTGCCCTTCACCGCCTGGCCCTGAGAGAGTTGCAGCAAG CGGTCCACGCTGGTTTGCCCCAGCAGGCGAAAATCCTGTTTGATGGTGGTT CCGAAATCGGCAAAATCCCTTATAAATCAAAAGAATAGCCCGAGATAGGGT TGAGTGTTGTTCCAGTTTGGAACAAGAGTCCACTATTAAAGAACGTGGACT CCAACGTCAAAGGGCGAAAAACCGTCTATCAGGGCGATGGCCCACTACGT GAACCATCACCCAAATCAAGTTTTTTGGGGTCGAGGTGCCGTAAAGCACTA AATCGGAACCCTAAAGGGAGCCCCCGATTTAGAGCTTGACGGGGAAAGCC GGCGAACGTGGCGAGAAAGGAAGGGAAGAAAGCGAAAGGAGCGGGCGC CATTCAGCTGCGCAACTGTTGGGAAGGGCGATCGGTGCGGGCCTCTTCGCT ATTACGCCAGCTGGCGAAAGGGGGATGTGCTGCAAGGCGATTAAGTT
IS6_LB	P9679, IS6-R2	SP6	CGCGTTGGGAGCTCTCCCATATGGTCGACCTGCAGGCGGCCGCGAATTCAC TAGTGATTGTGCCACCTTCCTTTTCTACTGTCCTTTTGATGAAGTGACAGATA GCTGGGCAATGGAATCCGAGGAGGTTTCCCGATATTACCCTTTGTTGAAAGA TCTCAATAGCCCTTTGGTCTTCTGAGACTGTATCTTTGATATTCTTGGAGTAG ACGAGAGTGTCGTGCTCCACCATGTTGACGGATCTCTAGGACGCGTCGACG CGTCTAATTCACTGGCCGTCGTTTTACAACGTCGTGACTGGGAAAACCCTGG CGTTACCCAACTTAATCGCCTTGCAGCACATCCCCCTTTCGCCAGCTGGCGT AATAGCGAAGAGGCCCGCACCGATCGCCCTTCCCAACATTTGCGCAGCCTG AATGGCGCCCGCTCCTTTCGCTTTCTTCCCTTCCTTTCTCGCCACGTTCGCCG GCTTTCCCCGTCAAGCTCTAAATCGGGGGCTCCCTTTAGGGTTCCGATTTAG TGCTTTACGGCACCTCGACCCCACAAAACTTGATTTGGGTGATGGTTCACG TAGTGGGCCATCGCCCTGATAGACGGTTTTTTCGCCCTTTGACGTTGGAGTCC ACGTTCTTTAATAGTGGACTCTTGTTCCAAACTGGAACAACACTCAACCCTA TCTCGGGCTATTCGTTTGATTTATAAGGCATTTTGCCGATTTCGGAATCTCCA TCAAACAGGATTTCGCCTGCTGGGGGGCACACCAGCGTGGACCGCTGCTGCA ACTCTCTCAGCTCAGGCGGTGAAGGGCTATCAGCTGTTGCCCGTCTCACTG TTGAAAGAGAACACCCAGTACATAAAACGTCAGCAATGTGTATAAGTTGTC TAGCGTCAATTGTTACCCACATATATCCTGAGCTACCAGATTTTCCAGTCATA CAATTCTAA

附表 2　*BpGLK1* 转基因株系中光合相关基因的转录及蛋白质水平表达量（单位：个）

基因 ID	转录组（FPKM 平均值）			蛋白质组（相对定量平均值）	
	WT	OE	RE	WT	RE
Bpev01.c0000.g0050.m0001	2 631	2 780	902	761 645 522	483 714 839
Bpev01.c0001.g0058.m0001	1 201	1 008	660	39 448 808	27 403 401
Bpev01.c0015.g0245.m0001	5 118	5 186	2 760	4 988 793 155	3 315 740 940
Bpev01.c0029.g0111.m0001	624	378	190	145 354 780	55 366 639
Bpev01.c0038.g0143.m0001	2 516	2 290	1211	—	—
Bpev01.c0042.g0007.m0001	1 730	1 671	513	383 962 260	223 554 539
Bpev01.c0050.g0033.m0001	2 411	2 684	1 354	—	—
Bpev01.c0051.g0100.m0001	950	1 178	461	—	—
Bpev01.c0052.g0108.m0001	2 927	2 697	1 186	197 014 286	105 849 297

续表

基因 ID	转录组（FPKM 平均值）			蛋白质组（相对定量平均值）	
	WT	OE	RE	WT	RE
Bpev01.c0080.g0094.m0001	6 125	5 187	2 636	2 089 060 300	1 073 831 032
Bpev01.c0083.g0012.m0001	14	14	7	—	—
Bpev01.c0088.g0087.m0001	41	27	15	—	—
Bpev01.c0088.g0087.m0002	61	40	22	97 572 656	57 781 587
Bpev01.c0088.g0118.m0001	79	51	33	—	—
Bpev01.c0094.g0285.m0001	9	5	5	2 124 896 735	1 516 261 188
Bpev01.c0127.g0074.m0001	908	666	405	1 339 309 722	903 596 869
Bpev01.c0138.g0004.m0001	145	115	66	485 360 947	446 037 198
Bpev01.c0161.g0062.m0001	5	13	16	2 368 963	6 136 362
Bpev01.c0161.g0083.m0001	420	371	168	19 416 379	5 855 916
Bpev01.c0162.g0029.m0001	3 321	3 659	1 477	4 687 790 580	3 124 482 512
Bpev01.c0190.g0044.m0001	2 994	2 936	750	1 431 467 720	783 799 908
Bpev01.c0212.g0008.m0001	232	211	63	157 936 144	96 566 272
Bpev01.c0237.g0009.m0001	1 672	1 311	542	—	—
Bpev01.c0243.g0056.m0001	2 577	2 716	1 111	1 698 066 893	952 523 305
Bpev01.c0245.g0079.m0001	53	86	146	2 674 497	4 804 126
Bpev01.c0245.g0080.m0001	0	2	5	—	—
Bpev01.c0264.g0036.m0001	9 740	13 094	2 892	1 841 882 255	1 203 888 261
Bpev01.c0281.g0067.m0001	3	1	1	—	—
Bpev01.c0329.g0002.m0001	2 981	3 097	1 529	1 415 738 334	756 046 610
Bpev01.c0355.g0003.m0001	2 301	2 554	826	110 874 315	34 789 391
Bpev01.c0362.g0012.m0001	10 394	10 337	1 606	36 431 298	6 499 747
Bpev01.c0375.g0009.m0001	11	8	6	—	—
Bpev01.c0407.g0010.m0001	203	152	113	239 931 311	121 700 152
Bpev01.c0425.g0050.m0001	206	173	69	1 095 584 771	494 736 716
Bpev01.c0454.g0016.m0001	3 946	3 981	1 935	510 407 617	288 164 515
Bpev01.c0458.g0006.m0001	136	152	52	267 474 134	158 686 145
Bpev01.c0517.g0008.m0001	2 708	2 451	1 029	347 598 478	175 263 538
Bpev01.c0550.g0005.m0001	864	756	263	283 802 733	154 822 120
Bpev01.c0557.g0004.m0001	1 162	1 132	507	1 128 855 490	733 425 779
Bpev01.c0571.g0004.m0001	175	159	89	267 079 608	102 818 164
Bpev01.c0588.g0018.m0001	45	1	1	—	—
Bpev01.c0594.g0006.m0001	63	27	37	21 055 375	16 701 302
Bpev01.c0615.g0003.m0001	15	15	9	—	—
Bpev01.c0667.g0020.m0001	2 988	2 912	1 159	475 539 834	244 674 772

基因 ID	转录组（FPKM 平均值）			蛋白质组（相对定量平均值）	
	WT	OE	RE	WT	RE
Bpev01.c0777.g0022.m0001	282	238	146	27 174 526	27 888 095
Bpev01.c0796.g0011.m0001	2 340	2 317	1 023	—	—
Bpev01.c0906.g0022.m0001	3 504	4 125	1 814	517 723 548	182 461 004
Bpev01.c0968.g0009.m0001	292	280	108	49 877 110	14 947 929
Bpev01.c1040.g0049.m0001	13 072	11 197	5 721	880 788 622	592 197 678
Bpev01.c1116.g0009.m0001	2 590	2 531	1 260	16 579 7661	84 634 428
Bpev01.c1122.g0010.m0001	82	74	44	35 557 895	14 300 765
Bpev01.c1138.g0008.m0001	1811	1768	302	142679235	60 929 623
Bpev01.c1150.g0011.m0001	18	16	10	—	—
Bpev01.c1283.g0002.m0001	61	53	29	225 206 708	170 625 174
Bpev01.c1283.g0002.m0002	24	19	13	—	—
Bpev01.c1325.g0001.m0001	119	158	66	—	—
Bpev01.c1418.g0010.m0001	10	4	5	—	—
Bpev01.c1418.g0010.m0002	14	5	7	2 576 462	2 400 846
Bpev01.c1475.g0007.m0001	2 147	2 308	484	932 949 339	335 250 735
Bpev01.c1526.g0001.m0001	852	759	195	—	—
Bpev01.c1534.g0010.m0001	9	23	33	20 844 521	39 168 676
Bpev01.c1708.g0002.m0001	4 092	3 814	2 273	2 199 500 696	1 326 922 102
Bpev01.c1767.g0010.m0001	4 821	5 950	1 268	368 434 844	245 824 483
Bpev01.c1844.g0003.m0001	27	74	64	20 548 751	31 137 960
Bpev01.c1891.g0002.m0001	34	23	18	2 411 797 381	1 491 996 256
Bpev01.c1891.g0007.m0001	5	4	2	1 824 705 244	1 214 912 098
Bpev01.c2230.g0005.m0001	8	19	19	—	—
Bpev01.c3072.g0001.m0001	2 428	2 576	1 044	1 220 434 165	779 915 457
Bpev01.c3100.g0003.m0001	539	382	251	137 166 431	51 507 787
Bpev01.c3659.g0001.m0001	1	17	11	—	—